教育部高等学校电子信息类专业教学指导委员会规划教材
高等学校电子信息类专业系列教材

电工电子技术实验教程

李艳玲　冯　宇　马秋明　编著
Li Yanling　Feng Yu　Ma Qiuming

清华大学出版社
北　京

内容简介

本书是为高等工科院校非电类专业开设电工电子技术实验课而编写的实验教材，包括三类实验即电工技术实验、模拟电子技术实验和数字电子技术实验，共25个实验项目，分为验证性、设计性和综合性三种实验类型，可根据不同的教学要求和实验室条件选择合适的实验。所有实验均先通过计算机仿真再进行实际硬件操作，实现了软件仿真与硬件电路设计的完美结合。故障排查是书中的一大亮点，通过故障排查可增强学生独立思考、分析问题及解决问题的能力。

本书适用于高等工科院校非电类各专业的“电工电子技术实验”教学，也可用于高专高职院校的相关专业实验教学。

图书在版编目(CIP)数据

电工电子技术实验教程/李艳玲，冯宇，马秋明编著. —北京：清华大学出版社，2017（2023.7重印）
（高等学校电子信息类专业系列教材）
ISBN 978-7-302-45894-4

Ⅰ. ①电… Ⅱ. ①李… ②冯… ③马… Ⅲ. ①电工技术－高等学校－教材 ②电子技术－高等学校－教材 Ⅳ. ①TM ②TN

中国版本图书馆CIP数据核字(2017)第003375号

责任编辑：盛东亮　赵晓宁
封面设计：李召霞
责任校对：时翠兰
责任印制：沈　露

出版发行：清华大学出版社
网　　址：http://www.tup.com.cn，http://www.wqbook.com
地　　址：北京清华大学学研大厦A座　　**邮　　编**：100084
社 总 机：010-83470000　　**邮　　购**：010-62786544
投稿与读者服务：010-62776969，c-service@tup.tsinghua.edu.cn
质量反馈：010-62772015，zhiliang@tup.tsinghua.edu.cn
课件下载：http://www.tup.com.cn，010-83470236
印 装 者：三河市铭诚印务有限公司
经　　销：全国新华书店
开　　本：185mm×260mm　　**印　　张**：10.5　　**字　　数**：254千字
版　　次：2017年5月第1版　　**印　　次**：2023年7月第7次印刷
定　　价：29.80元

产品编号：069234-01

高等学校电子信息类专业系列教材

序

FOREWORD

我国电子信息产业销售收入总规模在2013年已经突破12万亿元，行业收入占工业总体比重已经超过9%。电子信息产业在工业经济中的支撑作用凸显，更加促进了信息化和工业化的高层次深度融合。随着移动互联网、云计算、物联网、大数据和石墨烯等新兴产业的爆发式增长，电子信息产业的发展呈现了新的特点，电子信息产业的人才培养面临着新的挑战。

(1) 随着控制、通信、人机交互和网络互联等新兴电子信息技术的不断发展，传统工业设备融合了大量最新的电子信息技术，它们一起构成了庞大而复杂的系统，派生出大量新兴的电子信息技术应用需求。这些"系统级"的应用需求，迫切要求具有系统级设计能力的电子信息技术人才。

(2) 电子信息系统设备的功能越来越复杂，系统的集成度越来越高。因此，要求未来的设计者应该具备更扎实的理论基础知识和更宽广的专业视野。未来电子信息系统的设计越来越要求软件和硬件的协同规划、协同设计和协同调试。

(3) 新兴电子信息技术的发展依赖于半导体产业的不断推动，半导体厂商为设计者提供了越来越丰富的生态资源，系统集成厂商的全方位配合又加速了这种生态资源的进一步完善。半导体厂商和系统集成厂商所建立的这种生态系统，为未来的设计者提供了更加便捷却又必须依赖的设计资源。

教育部2012年颁布了新版《高等学校本科专业目录》，将电子信息类专业进行了整合，为各高校建立系统化的人才培养体系，培养具有扎实理论基础和宽广专业技能的、兼顾"基础"和"系统"的高层次电子信息人才给出了指引。

传统的电子信息学科专业课程体系呈现"自底向上"的特点，这种课程体系偏重对底层元器件的分析与设计，较少涉及系统级的集成与设计。近年来，国内很多高校对电子信息类专业课程体系进行了大力度的改革，这些改革顺应时代潮流，从系统集成的角度，更加科学合理地构建了课程体系。

为了进一步提高普通高校电子信息类专业教育与教学质量，贯彻落实《国家中长期教育改革和发展规划纲要(2010—2020年)》和《教育部关于全面提高高等教育质量若干意见》(教高【2012】4号)的精神，教育部高等学校电子信息类专业教学指导委员会开展了"高等学校电子信息类专业课程体系"的立项研究工作，并于2014年5月启动了《高等学校电子信息类专业系列教材》(教育部高等学校电子信息类专业教学指导委员会规划教材)的建设工作。其目的是为推进高等教育内涵式发展，提高教学水平，满足高等学校对电子信息类专业人才培养、教学改革与课程改革的需要。

本系列教材定位于高等学校电子信息类专业的专业课程，适用于电子信息类的电子信息工程、电子科学与技术、通信工程、微电子科学与工程、光电信息科学与工程、信息工程及其相近专业。经过编审委员会与众多高校多次沟通，初步拟定分批次（2014—2017 年）建设约 100 门课程教材。本系列教材将力求在保证基础的前提下，突出技术的先进性和科学的前沿性，体现创新教学和工程实践教学；将重视系统集成思想在教学中的体现，鼓励推陈出新，采用“自顶向下”的方法编写教材；将注重反映优秀的教学改革成果，推广优秀的教学经验与理念。

为了保证本系列教材的科学性、系统性及编写质量，本系列教材设立顾问委员会及编审委员会。顾问委员会由教指委高级顾问、特约高级顾问和国家级教学名师担任，编审委员会由教育部高等学校电子信息类专业教学指导委员会委员和一线教学名师组成。同时，清华大学出版社为本系列教材配置优秀的编辑团队，力求高水准出版。本系列教材的建设，不仅有众多高校教师参与，也有大量知名的电子信息类企业支持。在此，谨向参与本系列教材策划、组织、编写与出版的广大教师、企业代表及出版人员致以诚挚的感谢，并殷切希望本系列教材在我国高等学校电子信息类专业人才培养与课程体系建设中发挥切实的作用。

吕志伟 教授

前言
PREFACE

“电工电子技术实验”是高等工科院校非电类各专业共同开设的一门重要的技术基础实验课，本教材是根据电工电子技术实验教学大纲的基本要求，并结合电工电子实验教学中心多年的实验教学经验和现有的实验设备条件编写的非电类专业实验教材，目的是帮助学生巩固和深化已学理论知识，加强基本实验技能训练，使学生具备简单电路的设计能力，掌握科学研究的基本方法，并培养学生的综合素质和创新能力。

全书共分为四部分：第一部分介绍电工电子技术实验基础知识；第二部分介绍电工技术实验；第三部分介绍模拟电子技术实验；第四部分介绍数字电子技术实验。在内容编排上，本书做到了以下几点：

(1) 实验项目覆盖面广，取材新颖、合理，涵盖了基础性实验、设计性实验和综合性实验三个层次的实验内容；

(2) 每一个实验都有思考题和故障排查部分，帮助增强学生独立思考，分析问题和解决问题的能力；

(3) 所有实验均先通过计算机仿真再进行实际硬件操作，这样不仅可以极大提高实验质量，还可以提高学生的计算机应用能力和工程实践能力。

本书由李艳玲（主要编写第 1 章和第 4 章）、冯宇（主要编写第 2 章）和马秋明（主要编写第 1 章和第 3 章）主编，张玉玲、丁宏、黎翠凤、刘姝延、邱相艳、冯树林和徐明铭参加编写。

在编写过程中，我们得到了电工电子教研室和实验室全体老师的大力支持，同时参考了部分兄弟院校的实验教材和资料，在此表示感谢。

由于作者水平有限，书中难免存在不妥之处，敬请各位读者批评指正。

编　者

2017 年 1 月

目录
CONTENTS

第1章 电工电子技术实验基础知识

CHAPTER 1

1.1 实验目的和意义

电工电子技术实验是非电类各专业重要的实践性教学课程，通过电工电子技术实验课程的训练，能够加强学生对电工电子技术理论知识的理解，培养学生的基本实验技能，提高学生的电路综合应用与设计能力以及分析问题和解决问题的能力，同时提高学生的工程素质和创新能力，为后续课程的学习和今后从事相关的工作奠定良好的基础。

1.2 实验的基本过程

一般的电工电子技术实验，无论是基础实验，还是综合、设计型实验，尽管实验的目的和内容不同，但都具有相同或相似的实验过程，即实验前的准备、实验过程和实验后的总结。

1.2.1 课前预习

为了有效地完成实验任务并取得理想的实验结果，实验者必须进行课前预习，达到以下目的：

（1）认真阅读本次实验的相关内容并复习有关的理论知识，理解实验原理，明确实验目的和任务，拟定主要实验步骤，设计实验数据记录表格。

（2）熟悉实验所用仪器设备的功能、使用方法、注意事项和测试条件。

（3）完成预习报告。预习报告主要包括实验标题（实验名称、日期、实验者及合作者）、实验目的、实验原理、实验内容及步骤、拟定实验结果的记录图标和思考题解答。

1.2.2 课中实验

做好实验预习准备后，才可进入实验室进行实验。每位实验者都应自觉遵守学校和实验室管理的有关规定。

1. 准备工作

（1）按照编好的实验小组对号入座。

（2）检查本组的仪器设备、连接线是否齐全和符合要求，如有缺少或损坏应及时报告。

（3）将仪器设备合理布置，以方便使用和操作，合理安排实验现场。

2. 实验电路连接

(1) 应根据电路原理图确定元器件的位置,元器件的摆放要紧凑、不重叠,并依据信号流向(输入端在左侧、输出端在右侧)将元器件顺序连接,引线应越短越好,避免引线间相互交叉,以免造成短路现象,引线也不应跨接在集成电路上,而应从周围绕过。

(2) 电路安装完毕后,要认真检查电路连线是否正确,同组人员要相互检查,确定无误后,方可接入电源。

(3) 在直流稳压电源空载的情况下,调整出所需电压,直流稳压电源的示数为参考,应以万用表所测为准,断电后按极性要求接入实验电路。

(4) 在信号发生器空载时调整好频率和电压,使其满足实验要求。信号发生器的示数为参考,应以示波器所测为准,断电后接入实验电路,注意电路"共地"问题,所谓"共地",即是将电路中所有接地的元件都接在电源的地电位参考点上。"共地"是抑制干扰和噪声的重要手段。

(5) 用万用表检查电源、信号源输入端和地之间是否有短路现象,若有,则必须检查并排除后方可通电。

(6) 电源打开后,不要急于测量数据和观察结果,先进行通电观察,检查有无异常,包括仪器、元器件有无打火冒烟,是否闻到异常气味,用手摸元器件是否发烫等现象。如发现异常,应立即关断电源,查清原因,排除故障后方可重新通电。

3. 测试与分析数据

(1) 测试时手不得接触测试笔或探头金属部位,以免影响测试结果。

(2) 对综合、设计性实验,先进行单元分级调试,再进行级联,最后进行整个系统的调试。

(3) 测量数据或观察现象要认真细致,实事求是。将实验测得的数据和波形记录在实验者自己设计的表格之内,作为原始实验数据。

每项实验内容完成后,应立即分析实验数据,及时与理论分析结果进行比较,判断误差是否在10%以内,如发现有较大差异,找出误差原因后,决定是否重新实验,或请指导老师共同查找原因。

实验中测量的原始数据应交指导教师检查,数据如果有误,需重新测量;教师检查数据正确并签字后,方可改接电路继续实验或最终拆除线路。

(4) 实验时每组同学应分工协作,轮流接线、记录和操作等,使每个同学得到全面训练。

4. 实验结束

(1) 实验结束后,先关掉仪器设备电源,再关掉实验电路供电电源,最后拆掉实验连线,拆线时手要捏住导线的底部,以防导线断开。

(2) 整理好实验台,保证实验设备及元器件清点无误后,方可离开实验室。

(3) 发生仪器设备损坏事故时,应及时报告指导教师,按有关实验管理规定处理。

(4) 每次实验结束,留值日生打扫卫生。

1.2.3 实验后的总结

实验完成后,实验者须撰写实验报告。撰写实验报告的过程是对实验进行总结和提高的过程。

书写实验报告应选用规定的实验报告用纸，实验报告由实验前的预习报告和实验完成后的数据分析报告两部分构成，书写报告要求结论简明且正确、分析合理、讨论深入、文理通顺、符号标准、字迹端正、图表清晰。在预习报告的基础上，实验数据分析报告要完成以下内容。

(1) 根据原始记录整理、处理测试的数据，列出表格或描绘波形。多次测量或数据较多时一定要对数据进行列表，表必须要有表题，标注于表格上方中间位置。如表不止一张，应依次编号并安插在相应的文字附近。除实验测试数据和有关图表同组者可以互相采用外，其他内容每个实验者都应独立完成。

(2) 得出实验结论。对实验方案和实验结果作出合理的分析，找出产生误差的原因，提出减少实验误差的措施。

(3) 整理实验的心得体会。对实验中遇到的问题，出现的故障现象，分析其原因，写出解决的过程、方法及其效果，简单叙述实验的收获和体会。

(4) 列出仪器设备清单。

1.3 安全用电常识

在电工电子技术实验过程中，需要使用电源和电气设备，所以实验者必须具备一定的安全用电常识，并且要遵守实验室的规章制度和安全规则，才能避免发生人身伤害事故，防止损坏实验仪器设备。

1.3.1 触电的基本知识

当发生人体触及带电体时，或带电体与人体间闪击放电时，或电弧波及人体时，电流通过人体与大地或其他导体形成闭合回路，称为触电。

触电对人体伤害的程度与通过人体电流的大小、电流作用的时间、电流流过人体的途径、电流的性质以及触电者的身体状况等因素有关。工频交流电是比较危险的，当1mA左右的电流通过人体时，会产生麻刺等不舒服的感觉，10～30mA的电流通过人体时，会产生麻痹、剧痛、痉挛、血压升高和呼吸困难等症状，但通常不会有生命危险，电流达到50mA以上就会引起心室颤动而有生命危险，100mA以上的电流足以致人于死地。

常见的触电方式有：单相触电、两相触电和跨步电压触电。人体接触一根火线所造成的触电称为单相触电；人体同时接触两根火线所造成的触电称为两相触电；偶有一相高压线断落在地面时，电流通过落地点流入大地，此落地点周围形成一个强电场，距落地点越近，电压越高，影响范围10米左右，当人进入此范围时，两脚之间的电位不同，就形成跨步电压，跨步电压通过人体的电流就会使人触电，这种触电方式成为跨步电压触电。

1.3.2 实验室安全用电规则

实验操作过程中，应遵守安全操作规则，避免发生触电，防止不必要的人身伤害甚至危及生命的情况发生，确保人身安全。实验过程应注意以下几点：

(1) 实验时不允许赤脚，注意人体与大地之间有良好的绝缘。要逐步养成单手操作的习惯。

(2) 实验前应搞清楚电源开关、熔断器和插座的位置，了解正确的操作方法，并检查其是否安全可靠。

(3) 检查仪器设备的电源线、实验电路中有强电通过的连接线等有无良好的绝缘外套，保证其芯线不裸露。

(4) 实验时接线要认真，相互仔细检查，确定无误后才能接通电源，初学或没有把握时，应由指导教师审查同意后再接通电源。

1.3.3 仪器设备及器件安全

(1) 在使用仪器设备前，应认真阅读使用说明书，掌握仪器的使用方法和注意事项。

(2) 仪器设备电源打开后，不要急于测量数据和观察结果，应先进行通电观察，检查有无异常，包括仪器、元器件有无打火冒烟，是否闻到异常气味，用手摸元器件是否发烫等现象。如发现异常，应立即关断电源，查清原因，排除故障后方可重新通电。

(3) 为了确保仪器设备安全，在实验室电柜、实验台及各仪器中通常都安装有电源熔断器。常用的熔断器有 0.5A、1A、2A、3A 和 5A 等规格，应注意按规定的容量调换熔断器，切勿随意代用。

(4) 实验中不得随意扳动、旋转仪器面板上的旋钮和开关，需要使用时也不要用力过猛地扳动或旋转。

(5) 更换仪器、插拔器件或改接线路时，必须先切断电源。

(6) 结束后，通常只要关断仪器设备电源，不必将仪器设备电源线拔掉。

1.3.4 触电急救知识

触电急救时，首先要使触电者迅速脱离电源，然后根据触电者的具体情况，迅速对症救护。

1. 迅速脱离电源

发现有人触电后，首先要设法切断电源。不能直接用手触及伤员，为使触电人迅速脱离电源，应根据现场具体条件，果断采取适当的方法和措施。如果是低压触电，可采取“拉”、“切”、“挑”、“拽”、“垫”的方法使触电者脱离电源。

(1) 拉：指就近拉开电源开关，拔出插头或瓷插熔断器。

(2) 切：当电源开关、插座或瓷插熔断器距离触电现场较远时，可用带有绝缘柄的利器切断电源线。

(3) 挑：如果导线搭在触电者身上或压在身下，这时可用干燥的木棒、竹竿等挑开导线。

(4) 拽：救护人可戴上手套或手上包缠干燥的衣服等绝缘物品拖拽触电者。

(5) 垫：如果触电者由于痉挛，手指紧握导线，或导线缠绕在身上，可先用干燥的木板塞进触电者身下，使其与地绝缘。

2. 就地急救处理

触电急救应就地坚持进行，不要为方便而随意移动触电人，如确有需要移动时，抢救中断时间不应超过 30 秒。

3. 准确对症急救

触电人脱离电源后，现场急救人员应迅速对症抢救，并且设法联系医疗部门到场接替救治。触电急救方法主要有口对口人工呼吸法和胸外心脏按压法两种。

(1) 口对口人工呼吸法(适用于无呼吸但有心跳的触电者)如图 1-3-1 所示。使触电者仰卧于平地上，鼻孔朝天头后仰。首先清理口鼻腔，然后松口解衣裳；捏鼻吹气要适量；排气应让口鼻畅；吹 2 秒停 3 秒，5 秒 1 次最恰当。

(2) 胸外挤压法(适用于有呼吸但无心跳的触电者)如图 1-3-2 所示。将触电者仰卧于硬地上，松开领口解衣裳。当胸放掌不鲁莽，中指应该对凹膛；掌根用力向下按，压下一寸至半寸；压力轻重要适量，过分用力会压伤；慢慢压下突然放，1 秒 1 次最恰当。

图 1-3-1　口对口人工呼吸法图

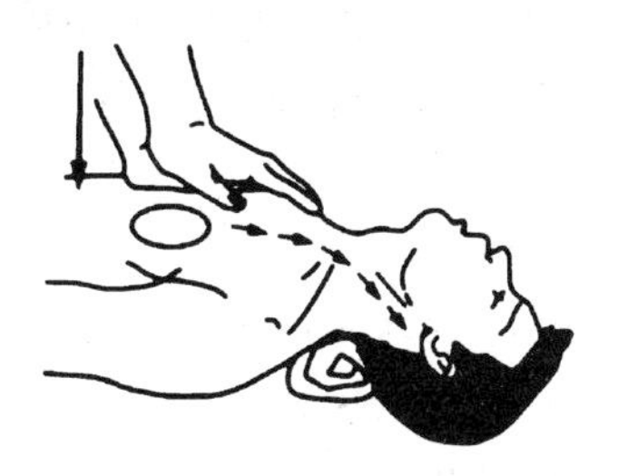

图 1-3-2　胸外挤压法

1.4　测量误差和测量数据的处理

在实际测量中，由于测量仪器和工具的不准确，测量方法的不完善以及测量环境等各种因素的影响，会使实验测得的值和真实值之间存在差异，即产生测量误差。测量误差的存在具有必然性和普遍性，人们只能根据需要，将其限制在一定范围内而不可能完全加以消除。但若测量误差超过一定限度，测量就失去了意义，因此为了得到要求的测量精度和可靠的测试结果，需要认识误差性质，减小误差值，合理处理测量数据，获得更接近真实值的结果。

1.4.1　测量误差的分类

根据误差的性质，测量误差可分为系统误差、随机误差和疏忽误差三类。

1. 系统误差

在相同条件下多次测量同一量值时，误差的绝对值和符号保持不变，或当条件改变时按某种规律变化的误差称为系统误差。

引起系统误差的原因主要有以下几个方面：

(1) 测量仪器仪表和测量环境造成的误差。测量仪器仪表本身性能不完善造成测量精度有限，或内部噪声过大、元器件老化，使用仪器仪表时未满足所规定的使用环境，如环境温度、湿度或气压等不符合要求，都会造成系统误差。

(2) 测量方法和理论造成的误差。测量方法不合理或不够完善，测量所依据的理论不完善，如采用近似公式、忽略电源内阻等都会造成系统误差。

(3) 人员误差(个人误差)。它是由测量人员的感官分辨能力的限制和工作责任心等因素带来的误差。

2. 随机误差

随机误差又称偶然误差，是指对同一量值进行多次测量时，其绝对值和符号均以不可预定的方式无规律变化的误差。就单次测量而言，随机误差没有规律，其大小和方向完全不可预定，但当测量次数足够多时，其总体服从统计学规律。

随机误差是由测量过程中一系列相关因素微小的随机波动而引起的，如磁场或温度的微小变化、空气扰动、大地震动等偶然因素均可造成随机误差。随机误差的特点如下：

(1) 在多次测量中误差绝对值的波动有一定的界限，即具有有界性。

(2) 绝对值小的误差的出现机会多于大误差，即具有单峰性。

(3) 当测量次数足够多时正负误差出现的机会几乎相同，即具有对称性。

(4) 随机误差的算术平均值趋于零，即具有抵偿性。

由于随机误差的上述特点，可以通过多次测量取平均值的办法，来减小随机误差对测量结果的影响。

3. 疏忽误差

在一定的测量条件下测得值明显偏离实际值所形成的误差称为疏忽误差，也称为粗大误差或过失误差，应剔除不用。疏忽误差主要是由测量方法不当或错误、测量操作疏忽和失误以及测量仪器特别差造成的。

1.4.2 减小或消除测量误差的方法

1. 减小系统误差的方法

测量时产生系统误差的来源可能不止一个，也就不存在统一的方法来减小或消除系统误差，只能针对不同情况采取不同措施。下面是几种减小系统误差的常用方法。

(1) 引入修正项。对于常用仪表，经过检定，测出标度尺每一刻度点的绝对误差，列成表格或作出曲线，在使用该仪表时，可根据示值和该示值的修正值求出被测量的实际值，这样就可消除由于测量工具引入的系统误差。

(2) 消除产生误差的根源。例如，选择准确度高的仪器仪表，并尽量使其在规定的使用条件下工作；采用符合实际的理论公式，并使测量环境满足理论公式要求的实验条件；提高测量人员的业务素质等。

(3) 采用特殊的测量方法。实际测量中可根据测量仪器仪表和被测量的不同，采用不同的测量方法来达到减小误差的目的，如采用正负误差补偿法、等值替代法和零示法等。

替代法：替代法的实质是一种比较法，它是在测量条件不变的情况下，用一个数值已知且可调的标准量来代替被测量。在比较过程中，若仪表的状态和示值都保持不变，则仪表本身的误差和其他原因所引起的系统误差对测量结果基本上没有影响，从而消除了测量结果中仪表所引起的系统误差。

零示法：零示法是一种广泛应用的测量方法，主要用来消除因仪表内阻影响而造成的系统误差。在测量中，使被测量对仪表的作用与已知的标准量对仪表的作用相互平衡，以使仪表的指示为零，这时的被测量就等于已知的标准量。

正负误差补偿法：在测量过程中，当发现系统误差为恒定误差时，可以对被测量在不同的测量条件下进行两次测量，使其中一次所包含的误差为正，而另一次所包含的误差为负，取这两次测量数据的平均值作为测量结果，从而就可以消除这种恒定系统误差。

2. 减小随机误差的方法

随机误差不能完全消除，唯一的办法是尽可能多次测量，取多次测量结果的算术平均值，以减小随机误差的影响。测量次数越多，随机误差的影响越小。

3. 减小疏忽误差的方法

疏忽误差绝大多数情况下是由测量人员的粗心大意造成的，所以应在保证测量条件稳定的基础上，提高测量人员的工作责任心，树立科学严谨的工作态度。

1.4.3　测量误差的表示方法

1. 绝对误差

绝对误差定义为测量时仪表指示的数值(测量值)A_x 与被测量的真值 A_0 之间的差值。若绝对误差用 Δ 表示，则

$$\Delta = A_x - A_0 \tag{1-4-1}$$

一般来说，真值 A_0 是个理想的概念，除理论真值和计量学约定的真值外，真值是无法精确得知的，只能使测量结果尽量地接近真值。因此，实际应用中，常用更高一级的标准仪表所测量的值 A 来代替真值 A_0，则

$$\Delta = A_x - A \tag{1-4-2}$$

在实际测量中常常用到校正值 C 的概念，它与绝对误差数值相等，符号相反，即

$$C = A - A_x = -\Delta \tag{1-4-3}$$

测量仪器仪表的校正值一般由计量部门检定给出，因此，当已知测量值 A_x 及相应的校正值 C 后，便可求出被测量的真值(相对真值)，即

$$A = A_x + C \tag{1-4-4}$$

【例 1-4-1】 用某电流表测量电流时，其读数为 5mA，该表在检定时给出 5.00mA 刻度处的修正值为+0.02mA，求被测电流的实际值。

解：由式(1-4-4)可得被测电流的实际值：

$$A = A_x + C = 5.00 + 0.02 = 5.02(\text{mA})$$

2. 相对误差

绝对误差虽然能表明测量值与被测量的真值之间的差异程度，但不能确切地反映被测量的准确程度。例如，测 20V 的电压时，绝对误差为+0.3V；测量 200V 的电压时，绝对误差也为+0.3V，虽然两者的绝对误差一样，但前者的误差对测量结果的相对影响比后者要大得多。因此，为了反映被测量的准确程度，又引入了相对误差的概念。

相对误差定义为绝对误差 Δ 与真值 A_0 的比值，一般用百分数表示，记为

$$\gamma_0 = \frac{\Delta}{A_0} \times 100\% \tag{1-4-5}$$

在相对误差的实际计算中，有时难以确定被测量的真值 A_0，这时往往用测量值 A_x 代替，即

$$\gamma = \frac{\Delta}{A_x} \times 100\% \tag{1-4-6}$$

一般情况下，在误差比较小时，γ_0 和 γ 相差不大，但在误差比较大时，两者悬殊较大，不能混淆。因此为了区分，通常把 γ_0 称为真值误差，把 γ 称为测量值相对误差。

相对误差只有大小和符号，没有量纲。

【例 1-4-2】 用两只电压表甲和乙分别测量两个电压值，甲表测量 150V 的电压时，绝对误差 $\Delta_{甲}$ 为 +1.5V，乙表测量 10V 电压时，绝对误差 $\Delta_{乙}$ 为 +0.5V，分别求甲、乙两表在上述测量中的相对误差。

解：由式(1-4-5)可得，相对误差分别为

$$\gamma_{甲} = \frac{\Delta_{甲}}{U_1} \times 100\% = \frac{1.5}{150} \times 100\% = 1\%$$

$$\gamma_{乙} = \frac{\Delta_{乙}}{U_2} \times 100\% = \frac{0.5}{10} \times 100\% = 5\%$$

从上面的计算结果可以看出，虽然甲电压表的绝对误差比乙电压表的大，但相对误差小，所以甲电压表测量的电压结果比乙电压表准确。

3. 引用误差

相对误差可以表示某次测量结果的准确度，而不足以说明仪表本身的准确度，同一块仪表相对误差随着被测量减小逐渐增大，所以引入引用误差来表示仪表的准确度。

引用误差定义为绝对误差 Δ 与仪表的满量程值 A_m 的百分比，即

$$\gamma_m = \frac{\Delta}{A_m} \times 100\% \tag{1-4-7}$$

【例 1-4-3】 某电流表满刻度为 5A，测量值为 4A，实际值为 4.02A，求该电流表的引用误差。

解：由式(1-4-7)可得，该电流表的引用误差为

$$\gamma_m = \frac{\Delta}{A_m} \times 100\% = \frac{4-4.02}{5} \times 100\% = -0.4\%$$

4. 最大引用误差

由于在仪表测量范围内的每个示值的绝对误差都是不同的，很难加以确定，因此又引入最大引用误差的概念，最大引用误差定义为仪表在全量程范围内可能产生的最大绝对误差 Δ_m 与仪表的满量程值 A_m 的百分比，即

$$\gamma_{\max} = \frac{\Delta_m}{A_m} \times 100\% \tag{1-4-8}$$

最大引用误差也叫作仪表的准确度($\pm k\%$)。

我国电工测量仪表按照最大引用误差可分为 0.1、0.2、0.5、1.0、1.5、2.5 和 5.0 七个等级，如表 1-4-1 所示。随着仪表制造技术的发展，目前国内市场上已出现了准确度为 0.02 和 0.05 的指示仪表。

表 1-4-1 常用电工指示仪表的准确度等级分类表

等级	0.1	0.2	0.5	1.0	1.5	2.5	5.0
准确度	±0.1	±0.2	±0.5	±1.0	±1.5	±2.5	±5.0

【例 1-4-4】 一待测电压为 100V，如果采用 0.5 级满刻度值为 300V 的电压表和 1.0 级满刻度值为 100V 的电压表分别测量，求测量的最大可能相对误差各为多少？

解：由式(1-4-8)可知，最大绝对误差为

$$\Delta_m = A_m \times \gamma_{\max} = \pm A_m \times k\%$$

用 0.5 级满刻度值为 300V 的电压表测量时，可能出现的最大绝对误差为

$$\Delta_{m1} = \pm A_{m1} \times k_1\% = \pm 300 \times 0.5\% = \pm 1.5(\text{V})$$

最大可能的相对误差为

$$\gamma_1 = \pm \frac{1.5}{100} \times 100\% = \pm 1.5\%$$

用 1.0 级满刻度值为 100V 的电压表测量时，可能出现的最大绝对误差为

$$\Delta_{m2} = \pm A_{m2} \times k_1\% = \pm 100 \times 1.0\% = \pm 1.0(\text{V})$$

最大可能的相对误差为

$$\gamma_2 = \pm \frac{1.0}{100} \times 100\% = \pm 1.0\%$$

由此例可以看出，满刻度值为 100V 的电压表准确度等级并不是最高，但由于量程适当，所以其相对误差反而比等级为 0.5 级的电压表小。因此，要保证所测量电压的误差最小，仅仅选用准确度高的电压表是不够的，还必须选择具有恰当量程的电压表。一般选用电压表时需使其工作在 2/3 标尺以上。

1.4.4　测量数据的处理

实验数据处理是电工测量中必不可少的工作。如何从测量仪器上正确读取数据、整理数据，并对数据进行分析和计算，从中得到实验的最终结果，找出实验规律，是测量人员必须掌握的基础知识。

1. 有效数字

1）有效数字的概念

有效数字是指在测量的数据中，从左边第一个非零的数字开始，到右边最后一个数字的所有数字，有效数字的最后一位为欠准数字。如测得某信号的频率为 0.0102MHz，有效数字为 3 位，2 为欠准数字；该数字也可记为 10.2kHz，有效数字仍为 3 位，2 仍为欠准数字；但不能写为 10200Hz，因为该数字有效数字为 5 位，0 为欠准数字，意义完全改变。

2）有效数字的正确表示

（1）按照测量要求确定了有效数字的位数后，每一测量数据只应有一位欠准数字，即最后一位为欠准数字。

（2）当“0”在数字中间或末尾时有效，如 1.000A、19.30cm 中的 0 均有效。不能在数字的末尾随便加“0”或减“0”。

（3）小数点前面的“0”和紧接小数点后面的“0”不算有效数字，如 0.0123 和 0.123 都是 3 位有效数字。

（4）数据过大或过小时可采用科学计数法，如某电阻值为 25000Ω，若在百位数上就包含误差，即百位数是一个欠准数字时，它实际上只有 3 位有效数字，保留 3 位有效数字时写成 $2.50 \times 10^4 \Omega$，某物体的长度为 0.0000232m，用科学计数法写成 2.32×10^{-5}m。

3）有效数字的修约

在计算一组准确度不等（即有效数字位数不同）的数据前，应按照确定的有效数字位数，将多余的数字舍弃，舍弃多余数字的过程称为“数字修约”或“数字整化”。数字修约所遵循

的规则称为“数字修约规则”。

(1) 四舍五入规则

四舍五入规则是人们习惯采用的一种数值修约规则，具体使用方法是：在需要保留数字的位次后一位，逢五就进，逢四就舍，如将10.2529修约到一位小数为10.3。

(2) 四舍六入五留双规则

当尾数大于或等于6时将尾数舍去向前一位进位，如将16.7777修约到两位小数，结果为16.78。

当尾数为5，而尾数后面的数字均为0时，应看尾数“5”的前一位：若前一位数字此时为奇数，就应向前进一位；若前一位数字此时为偶数，则应将尾数舍去。数字“0”在此时应被视为偶数。如将12.4250修约到两位小数，结果为12.42，将12.7350修约到两位小数，结果为12.74。

当尾数为5，而尾数“5”的后面还有任何不是0的数字时，无论前一位在此时为奇数还是偶数，也无论“5”后面不为0的数字在哪一位上，都应向前进一位。如将12.73507修约到两位小数，结果为12.74。

4) 有效数字的运算规则

(1) 加减运算

以小数点后位数最少的数据为准(该数据称为标准数)，把其余各数据小数点后面的位数修约成比标准数的小数位数多一位，然后再进行计算，计算结果所保留的小数点位数应与标准数相同。

【例1-4-5】 已知三个电阻的阻值分别为 $R_1=10.4\Omega$，$R_2=2.056\Omega$，$R_3=4.782\Omega$，求三个电阻串联后的等效电阻。

解：首先对各电阻值进行修约处理，小数点后位数最少的电阻为 R_1，把 R_2 和 R_3 的阻值修约到比 R_1 的阻值多保留一位小数，即 $R_2=2.06\Omega$，$R_3=4.78\Omega$，再进行加法运算得：

$$R = R_1 + R_2 + R_3 = 10.4 + 2.06 + 4.78 = 17.24(\Omega)$$

对运算结果进行修约，使其小数点后的位数与 R_1 的相同，故 $R=17.2\Omega$。

(2) 乘除运算

以有效数字位数最少的数据为准，把其余各数据修约成比标准数的有效数字位数多一位的数据，然后再进行计算，计算结果所保留的有效数字位数与标准数相同。

【例1-4-6】 计算 $14.1\times0.0765\times0.78$ 的结果。

解：在三个数据中，0.78的有效数字位数最少，仅为两位有效数字，其余各数据均修约成三位有效数字再进行计算，即 $14.1\times0.0765\times0.78=0.841347$。

对运算结果进行修约，使结果的有效数字位数与0.78相同，因此结果应修约为0.84。

2. 测量数据的读取和处理

1) 数字式仪表测量数据的读取

从数字式仪表上可直接读出被测量的量值，读出数值无需换算即可作为测量结果。但数字式仪表量程选择不当，会丢失有效数字，因此应合理地选择数字式仪表的量程。例如，用某数字电压表测量1.682V的电压，在不同的量程时显示值如表1-4-2所示。

表 1-4-2 数字式仪表的有效数字

量　　程	2V	20V	100V
显示值	1.682	01.68	001.6
有效数字位数	4	3	2

由此可见，在此例中选择 2V 量程时测量的结果最准确。所以，在选择量程时，应使被测量值小于且最接近于所选择的量程。

2）指针式仪表测量数据的读取

指针式仪表的指示值是指针所指出的标尺值，通常用格数表示。直接读取的指针式仪表的数值，一般不是被测量的测量值，而是需要换算才可得到测量结果。

（1）读仪表的格数

测量时应首先记录仪表指针读数的格数。例如，选用一块最大量程为 300V、300 分格的电压表测量电压，当指针在 90～91 格之间时，读数可记录为 90.5 格，有效数字位数为 3 位；当指针刚好在 205 格时，应将读数记为 205.0 格，有效数字位数为 4 位。

（2）指针式仪表的仪表常数

电测量指示仪表的标度尺每分格代表被测量的大小称为仪表常数，也称为分格常数。用符号 C_α 表示，其计算式为

$$C_\alpha = \frac{A_m}{\alpha_m} \tag{1-4-9}$$

式中，A_m 为所选仪表的量程，α_m 为指针式仪表满刻度格数。如上述电压表的分格常数 $C_\alpha = \frac{300}{300} = 1$(V/格)。

对于同一仪表，选择的量程不同则仪表常数也不同。

（3）被测量的示值

被测量的示值是指仪表的读数对应的被测量的测量值，可由下式计算得出：

$$示值 = 读数(格) \times 分格常数\ C_\alpha$$

示值的有效数字位数应与读数的有效数字位数一致，如上述电压表的读数选择为 90.5 格时，示值为 90.5×1=90.5(V)。

3. 测量结果的表示

1）列表表示法

列表是将一组实验数据中的自变量、因变量的各个数值依一定的形式和顺序一一对应列出来。表中数据应是剔除坏值之后的有效数据，并以有效数字的形式表示。完整的数据记录表格应包含表的编号、名称和各项物理量的单位，如电压(U)和电流(I)。

表 1-4-3 为测量某白炽灯伏安特性的实验数据表。

表 1-4-3 非线性电阻伏安特性实验数据

U(V)	0.00	2.00	4.00	6.00	8.00	10.0
I(mA)	0.00	33.5	49.9	63.2	76.1	87.8

2）图形表示法

图形表示法可以更加形象和直观地展示函数变化规律，能够简明、清晰地反映几个物理量之间的关系。

图形表示法应分两个步骤：第一步是把测量数据点标在适当的坐标系中；第二步是根据点画出曲线。根据各点作曲线时，应注意到曲线一般光滑匀整，只具少数转折点；曲线所经过的地方应尽量与所有的点相接近，但不一定通过图上所有的点。

图 1-4-1 为由表 1-4-3 得出的非线性电阻伏安特性曲线。

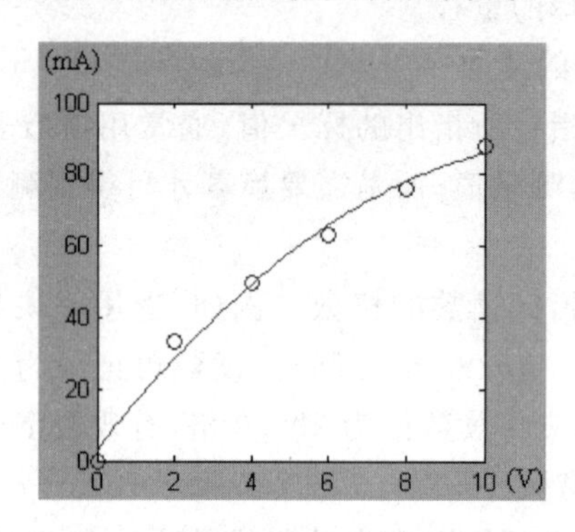

图 1-4-1　非线性电阻的伏安特性曲线

1.5　常用电子仪器的使用

1.5.1　数字万用表

万用表又称多用表，用于测量直流电压、直流电流、交流电压、交流电流和电阻等，有的万用表还可以测量电容、电感、晶体二极管和三极管的参数等。本节以 MY61 型普通手持数字万用表为例，介绍万用电表的电压、电阻、电流和二极管的测量方法。MY61 万用表的外形如图 1-5-1 所示。

1. MY61 的主要性能

（1）直流基本准确度：±0.5%。

（2）电池不足指示：显示"-+"。

（3）最大显示：三位半显示 1999。

（4）自动关机：开机约 20 分钟以后仪表自动切断电源。

（5）机内电池：9V NEDA 或 6F22 或等效型。

（6）环境条件：

① 工作温度：0～40℃，相对湿度：<80%。

② 储存温度：－10～50℃，相对湿度：<85%。

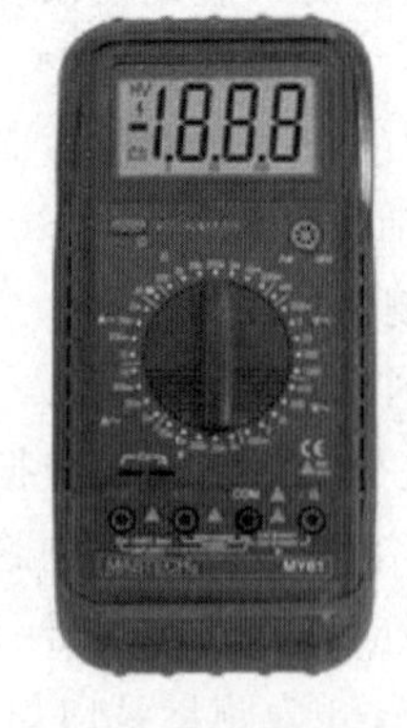

图 1-5-1　MY61 万用表外形图

2. MY61 主要技术指标

（1）直流电压：测量范围为 200mV、2V、20V、200V 和 1000V 五挡。

（2）交流电压：测量范围为 200mV、2V、20V、200V 和 700V 五挡。

(3) 直流电流：测量范围为2μA、20μA、2mA、20mA、200mA、2A和10A七挡。

(4) 交流电流：共200μA、2mA、20mA、200mA、2A和10A六个量程，频率范围为40～400Hz。

(5) 电阻：200Ω/2kΩ/20kΩ/200kΩ/2MΩ/20MΩ/200MΩ。

(6) 电容：2/20/200nF；2/20μF。

(7) 二极管测试：正向直流电流约为1mA，反向直流电压约为2.8V。

3. 使用方法

1) 交流电压和直流电压测量

(1) 将黑表笔插入COM插孔，红表笔插入VΩ插孔。

(2) 将旋转开关转到电压挡位适合量程，将表笔并接在被测负载或信号源上，红表笔所接端的极性也将同时显示。

注意：在测量之前如果不知被测电压范围，应将量程开关置于最高量程挡并逐挡调低。

如果显示屏只显示"1"时，说明被测电压已超过量程，量程开关需要调高一挡。不要输入高于1000V直流和700V正弦波有效值的电压，虽然有可能得到读数，但有损坏仪表内部线路的危险。不要在公共端和大地之间施加高于1000V直流和700V正弦波有效值的电压，以防遭到电击或损坏仪表。特别注意在测量高压时避免触电。

2) 交流电流和直流电流测量

(1) 切断被测电路的电源，将被测电路上的全部高压电容放电。

(2) 将黑表笔插入COM插孔，当被测电流在200mA以下时，将红表笔插入mA插孔；如被测电流在200mA～10A之间，则将红表笔插入10A插孔。

(3) 将旋转开关转到电流挡位合适量程，测试笔串入被测电路中，接通电源，仪表显示电流读数，如果测直流电流，红表笔所接端的极性也将同时显示。

注意：在测量之前如果不知被测电流范围，应将量程开关置于最高量程挡并逐挡调低。

如果显示屏只显示"1"时，说明被测电流已超过量程，量程开关需要调高一挡。mA插孔最大输入电流为200mA。10A插孔无保险管，测量时间应小于15s，以避免线路发热影响准确度。

3) 电阻测量

(1) 将黑表笔插入COM插孔，红表笔插入VΩ插孔。

(2) 将旋转开关转到电阻挡位适合量程，将测试笔跨接到待测电阻上，直接由液晶显示器读取被测电阻值。

注意：为避免仪表或被测设备的损坏，测量电阻前，应切断被测电路的所有电源并将所有高压电容器放电。当被测电阻大于1MΩ时，仪表需数秒后方能稳定读数，对于高电阻的测量这是正常的。

4) 电容测试

连接待测电容之前，注意每次转换量程时复零需要时间，漂移读数的存在不会影响测试精度。

注意：仪器本身已对电容挡设置了保护，故在电容测试过程中不需考虑极性及电容充放电情况。测量电容时，将电容插入电容测试座中(不要通过表笔插孔测量)。测量大电容时稳定读数需要一定的时间。

5）晶体三极管 hFE 参数测量

(1) 将旋转开关转到 hFE 挡。

(2) 先判断晶体三极管是 PNP 型还是 NPN 型，然后再将被测晶体管的管 E、B、C 三个引脚分别插入面板对应的测试插孔内。

(3) 仪表显示的是 hFF 近似值，测试条件为基极电流 10μA、V_{ce} 为 3V。

6）二极管测量

(1) 将黑表笔插入 COM 插孔，红表笔插入 VΩ 插孔（红表笔极性为+）。

(2) 将旋转开关转到 ➡ 挡，将测试笔跨接在被测二极管上。

注意：当输入端开路时，仪表显示为过量程状态。仪表显示值为正向压降伏特值，当二极管反接时则显示过量程状态“1”。

7）蜂鸣连续性通断测试

(1) 将黑表笔插入 COM 插孔。

(2) 将旋转开关转到 •))) 挡（与二极管 ➡ 测试同一量程），将测试笔接在被测电路的两端。

(3) 若被检查两点之间的电阻值约小于 70Ω 时，蜂鸣器即刻发出鸣叫声。

注意：被测电路必须在切断电源状态下检查通断，因为任何负载信号将会使蜂鸣器发声，导致错误判断。

4. 仪表维护

(1) 为避免受到电击或损坏仪表，不可弄湿仪表内部。在打开外壳或电池盖前，必须把测试笔和输入信号拆除。

(2) 不要使用研磨剂或化学溶剂清洁仪表外壳。

(3) 保持输入插座清洁，插座弄脏或潮湿可能会影响测量精度。

(4) 液晶显示“🔋”符号时，表示电池不足，应及时更换新的 9V 电池，以确保测量精度。

(5) 当 mA 插孔不能测量时，请检查保险管是否熔断。

1.5.2 函数信号发生器

信号发生器是一种应用非常广泛的电子设备，可作为各种电子元器件、部件及整机测量、调试、检修时的信号源。实验室用的信号发生器一般能够产生正弦波、方波、三角波，以及锯齿波和脉冲波等多种非对称波形。

信号发生器的种类很多，但它们的基本使用方法类似。这里以 SU3050 DDS 型函数信号发生器的使用为例予以说明，如图 1-5-2 所示。该函数信号发生器采用直接数字合成技术（DDS），具有快速完成测量工作所需的高性能指标和众多的功能特性。

1. 函数信号发生器的面板

1）屏幕显示说明

显示屏上面一行文字为功能和选项显示。下面一行文字显示当前选项的参数值及调节旋钮的光标。

2）幅度值格式

V_{P-P}：幅度峰峰值。

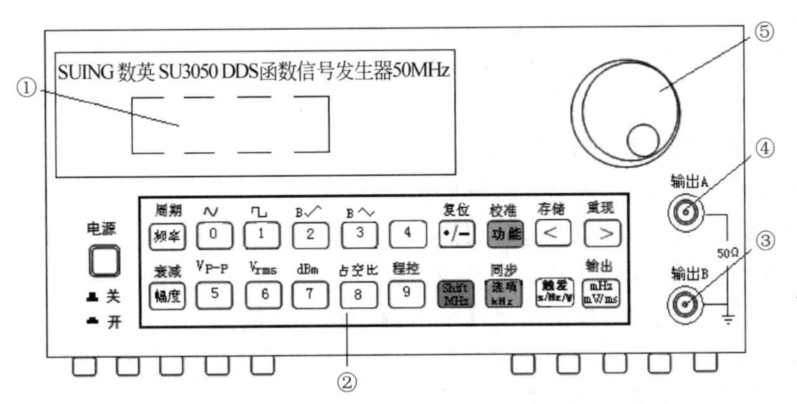

① 液晶显示屏，菜单、数据、功能显示区 ② 按键区
③ 输出通道B ④ 输出通道A ⑤ 调节旋钮

图 1-5-2 SU3050 DDS 型函数信号发生器的前面板

Vrms：幅度有效值(均方根值)。

3) 键盘说明

仪器前面板上共有 20 个按键,见图 1-5-2,20 个按键的基本功能如下：

【频率】【幅度】键：频率和幅度选择键。

【0】~【9】键：数字输入键。

【MHz】【kHz】【Hz】【mHz】键：双功能键,在数字输入之后执行单位键功能,同时作为数字输入的结束键。不输入数字,直接按【MHz】键执行“Shift”功能,直接按【kHz】键执行“选项”功能,直接按【Hz】键执行“触发”功能。

【./—】键：双功能键,在数字输入之后输入小数点,在“偏移”功能时输入负号。

【< 】【>】键：光标左右移动键。

【功能】键：主菜单控制键,循环选择六种功能。

【选项】键：子菜单控制键,在每种功能下循环选择不同的项目。

【触发】键：在“猝发”、“外测”功能时作为触发启动键。

【Shift】键：上挡键(显示“SH”标志),按【Shift】键后再按其他键,分别执行该键的上挡功能。

2. 函数信号发生器的使用

将电源插头插入交流 220V 带有接地线的电源插座中,按下电源开关,电源接通。首先显示 SUING SU3050 System initializing,最后进入复位初始化状态,显示出当前 A 路波形和频率值。在任何时候只要按【Shift】【复位】按键即可回到复位初始化状态。

下面举例说明常用操作方法,可满足一般使用的需要。

1) A 路功能设定

(1) A 路频率设定：设定频率值 3.5kHz。

按下按键：【频率】【3】【.】【5】【kHz】。

(2) A 路频率调节：按【<】或【>】键使光标指向需要调节的数字位,左右转动手轮可使指示位的数字增大或减小,并能连续进位或借位,由此可任意粗调或细调频率。

其他数据也都可用旋钮调节。

(3) A路周期设定：设定周期值25ms。

按下按键：【Shift】【周期】【2】【5】【ms】。

(4) A路幅度设定：设定幅度值为3.2V。

按下按键：【幅度】【3】【.】【2】【V】。

(5) A路幅度格式选择：有效值或峰峰值。

按下按键：【Shift】【Vrms】或【Shift】【V_{P-P}】。

(6) A路波形选择：A路选择正弦波或方波。

按下按键：【Shift】【0】选择正弦波，【Shift】【1】选择方波。

(7) A路衰减选择：选择固定衰减0dB(开机或复位后选择自动衰减AUTO)。

按下按键：【Shift】【衰减】【0】【Hz】。

(8) A路偏移设定：在衰减选择0dB时，设定直流偏移值为－1V。

按【选项】键，选中“A路偏移”，按【－】【1】【V】。

(9) 恢复初始化状态：【Shift】【复位】。

2) B路功能设定

(1) B路波形选择：在输出通道为B路时，选择正弦波、方波、三角波和锯齿波。

按下按键：【Shift】【0】，【Shift】【1】，【Shift】【2】，【Shift】【3】。

(2) B路多种波形选择：B路可选择11种波形。

按【选项】键，选中“B路波形”，按【＜】或【＞】键使光标指向个位数，使用手轮可从0至10选择11种波形。

(3) B路方波占空比设定：在B路选择为方波时，设定方波占空比为65%。

按下按键：【Shift】【占空比】【6】【5】【Hz】。

3. 信号源使用的注意事项

(1) 先将输出幅值调节到零位，接通工作电源，将仪器预热几分钟后方可使用。

(2) 信号发生器上的输出功率不能超过额定值，也不能将输出端短路以免损坏仪器。

(3) 使用函数信号发生器时要注意输出的信号要由小到大，缓慢调节。每次变换频率及波形时，要把输出信号调到最小处。

1.5.3 示波器

示波器是一种用途十分广泛的电子测量仪器。它能把肉眼看不见的电信号变换成看得见的图像，便于人们研究各种电现象的变化过程。利用示波器能观察各种不同信号幅度随时间变化的波形曲线，还可以用它测试各种不同的电量，如电压、电流、频率、相位差和调幅度，等等。

示波器包括模拟示波器和数字存储示波器两大类。模拟示波器没有存储设备，仅依赖被测信号的周期性来完成信号的稳定显示。数字存储示波器首先将被测电压信号用ADC转变成数字量存储在内存中，然后用DAC转换到示波管显示，或者直接利用显示器显示。

模拟示波器价格低、易操作，广泛应用于教学和一般要求的科研、维修等领域。本节以VP-5565D双踪示波器为例介绍示波器的使用方法。

1. 控制面板说明

VP-5565D双踪示波器面板控制部分见图1-5-3所示。

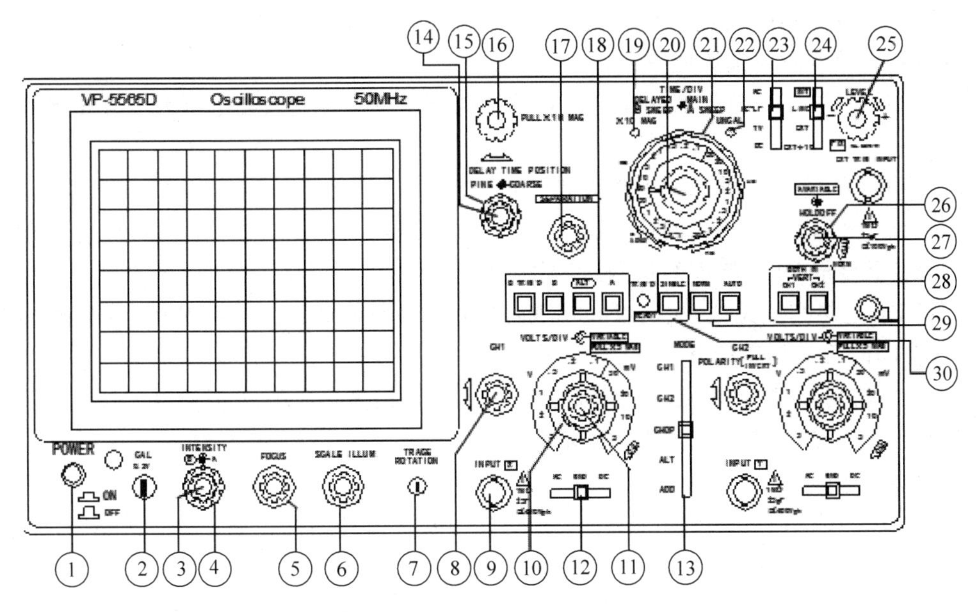

图 1-5-3 VP-5565D 示波器控制面板

1）示波管显示部分

① POWER——电源开关，接通后右上方的灯亮。

② CAL0.3V——输出幅度为 0.3V、频率为 1kHz 的方波信号，用以校准 Y 轴偏转因数和扫描时间因数。

③ INTENSITY A——套轴内侧旋钮，管面扫描线的亮度调整，顺时针方向旋转时光迹亮度增强。

④ INTENSITY B——套轴的外侧旋钮。扫描部分交替工作时的 B 扫描以及 B 扫描工作时的亮度调整。在其他的场合无效。

⑤ FOCUS(聚焦)——显示器辉线的聚焦调整。

⑥ SCALE ILLUM(标尺亮度)——用于显示器的刻度照明，顺时针方向旋转变亮。

⑦ TRACE ROTATION ——由于磁场的作用，当扫描线光迹在水平方向轻微倾斜时，该旋钮可以调节光迹与水平刻度线的平行。

2）垂直方向部分

⑧ CH1——用于调整 CH1 的辉线的垂直位置。

⑨ INPUT X——连接 CH1 垂直输入信号的端子。作为 X-Y 示波器使用时，为 X 轴信号的输入端子。

⑩ VOLTS/DIV——套轴的外侧旋钮，称电压灵敏度选择旋钮。指示荧光屏上垂直方向一格的电压值，从 5mV/div～5V/div，共 10 个挡级。

⑪ VARIABLE：套轴的内侧旋钮，微调每挡的灵敏度。测量时必须将微调旋钮顺时针旋到“校准”，荧光屏上每格的电压值才与选择开关的指示值一样。

⑫ AC GND DC ——垂直通道 1 的输入耦合方式选择。

被测信号进入示波器时与示波器内部电路的连接方式，称为输入耦合方式。

AC(交流耦合方式)：用电容阻止输入信号的直流成份，只有交流成份通过。

DC(直流耦合方式)：输入信号直接进入示波器。当需要观察信号中的直流分量或被测信号的频率较低时应选用此方式。

GND(接地方式)：放大器的输入回路被接地。用以确定输入端电压为零时光迹所在的位置。

⑬ MODE——选择垂直的工作方式。

CH1：只显示 CH1 通道的信号。

CH2：只显示 CH2 通道的信号。

CHOP：是与扫描无关，大约以 300kHz 频率互相切换通道的双踪操作，用于慢扫描的观测，适合同时观察两路信号。

ALT：是以扫描控制切换通道的双踪操作，用于快扫描的观测，此时两路信号交替显示。

ADD：用于显示两路信号相加的结果。

3）水平方向部分

⑭、⑮DELAY TIME POSITION——调节延迟扫描开始的位置。⑭COARSE 是粗调旋钮，⑮FINE 是细调旋钮。

⑯ PULL×10MAG——调整扫描线的水平位置。拉出旋钮，CRT 波形在水平方向上扩大，扫描速度可提高 10 倍，此时×10MAG 灯⑲点亮。

⑰ SEPARATION——AB 交替扫描时，能调整 B 扫描的垂直方向的位置。其他扫描时无效。

⑱ 扫描显示工作开关——选择 A、B 扫描的工作方式。

A：由 A 扫描进行波形显示。

ALT：A、B 交替扫描显示，使 A 扫描和 B 扫描(延迟扫描)在管面上交替显示。

B：由 B 扫描进行波形显示。

B TRIG'S D ：用来选择触发延迟和连续延迟。按下时 B 扫描变成和 A 扫描同时被触发的状态，再按一次，B 扫描变成自激状态。

⑲ ×10MAG——灯亮，表示⑯处于拉出的位置。

⑳ DELAY B SWEEP——套轴内侧旋钮。设定 B 扫描时间因数(TIME/DIV)，从 50ns/div～50ms/div，共 19 挡。

㉑ MAIN A SWEEP——套轴的外侧旋钮。设定 A 扫描时间因数(TIME/DIV)，从 50ns/div～0.5s/div，共 22 挡。

在 X-Y 位置上时，该仪器作为 X-Y 示波器使用。

㉒ UNCAL——点亮时表示 A 扫描处在非校准状态。

㉓ 触发信号的耦合开关

AC——用电容阻止触发信号源的直流成分，30Hz 以下的信号也被衰减。

DC——触发信号直接接到触发电路。

AC-LF——使用触发信号中 50kHz 以上的信号被衰减。

TV——使用电视信号中的同步信号作为触发信号。

㉔ 触发信号源开关

INT——选择从垂直放大器来的触发信号。

LINE——用主电源信号作为触发信号。

EXT——把接在 EXT TRIG INUT 插座上的信号作为触发信号。

EXT÷10——把上面的 EXT 触发信号衰减 1/10。

㉕ LEVEL——选择扫描的触发电平。旋钮按入时是用触发信号上升沿触发，拉出时是用触发信号下降沿触发。当把该旋钮右旋到头置 FIX 位置时，触发电路以固定电平自动触发扫描电路。

㉖ HOLDOFF——套轴外侧旋钮，配合 LEVEL 旋钮使波形稳定地显示，通常右旋到 NORM 位置。

㉗ A VARIABLE——套轴的内侧旋钮。能使 A 扫描时间因数在 1～1/2.5 间连续变化。在 CAL 位置(右旋到头的位置)时，扫描时间因数被校准。

㉘ 内触发信号源开关——选择内部信号源的开关，触发信号源开关㉓在 INT 位置时能进行 3 个触发信号的选择。

CH1——扫描电路只被 CH1 信号触发。

CH2——扫描电路只被 CH2 信号触发。

VERT——显示在 CRT 上的信号直接去触发扫描电路。

㉙ A 扫描工作方式选择。

AUTO(自动扫描)——无输入信号时(非触发状态下)，显示扫描光迹；一旦有输入信号，电路自动转为触发扫描状态，可使波形稳定地显示在 CRT 上。适于观察 50Hz 以上的信号。

NORM(常态扫描)——只在触发状态时显示波形，非触发状态下无光迹。适于观察 50Hz 以下的信号。

㉚ SINGLE——进行单次扫描。

4) 示波器的使用方法

(1) 显示水平扫描基线。

将示波器输入耦合开关⑫置于接地 GND，垂直工作方式开关⑬置于交替 ALT，扫描显示工作开关⑱置 A，A 扫描工作方式选择㉙置于自动 AUTO，扫描时间因数开关㉑置于 0.5ms/DIV，打开电源开关，此时在屏幕上出现两条水平扫描基线。如果没有，可能是辉度太暗，或是垂直、水平位置不当，应适当调节。

(2) 用本机校准信号检查。

将通道 1 输入端⑨由探头接至校准信号输出端②，输入耦合开关⑫置于 AC，触发信号源开关㉔选为内触发 INT，触发信号的开关㉓置于 AC，电压灵敏度开关⑩置于 0.1V/DIV 处，A 扫描时间因数㉑置于 0.5ms/DIV。在测量波形的幅值时，应注意 Y 轴灵敏度“微调”旋钮⑪置于“校准”位置(顺时针旋到底)。测量波形的周期时，应将扫描速率“微调”旋钮㉗置于“校准”位置(顺时针旋到底)。

经过上面的设置，则在 CRT 上可显示出稳定的方波波形。读出波形图在垂直方向所占格数，乘以⑩旋钮的指示数值，得到校准信号的幅度；而波形每个周期在水平方向所占格数，乘以㉑旋钮的指示数值，可得到校准信号的周期，如图 1-5-4 所示，由图可知：

电压 $U = 0.1 \times 3 = 0.3\text{V}$

周期 $T = 0.5 \times 2 = 1\text{ms}$

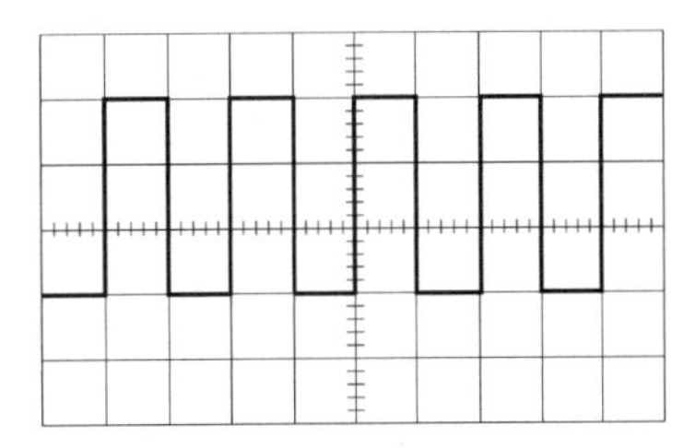

图 1-5-4　校准信号波形

可知 VP-5565D 示波器校准信号的频率为 1kHz，幅度为 0.3V。该信号用以校准示波器内部扫描振荡器频率，如果不正常，应调节示波器(内部)相应电位器，直至相符为止。

若需同时观测两个被测信号，则分别接至通道 1、通道 2 输入端，且适当调节 VOLITS/DIV、TIME/DIV 等旋钮，使得在屏幕上显示稳定的被测信号波形。

【例 1-5-1】 如图 1-5-5 所示：示波器垂直偏转因数为 2V/DIV，水平偏转因数为 0.5ms/DIV。求正弦电压有效值和频率。

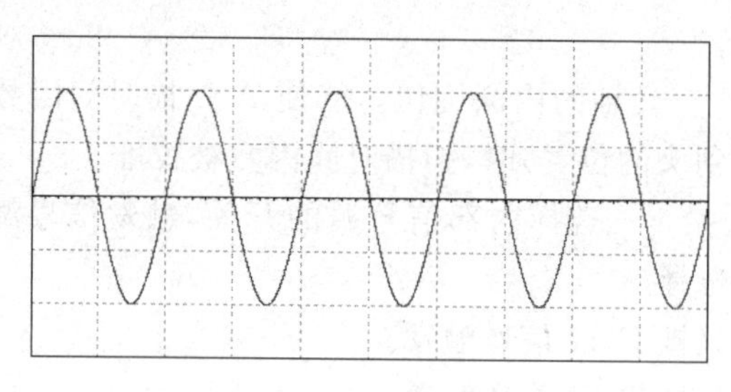

图 1-5-5 例 1-5-1 图

解：按下面公式计算被测信号的峰-峰电压值(V_{P-P})：

$$V_{P-P} = \text{垂直方向的格数} \times \text{垂直偏转因数}$$

故

$$V_{有效} = \frac{2 \times 4}{2\sqrt{2}} = 2.828\text{V}$$

又由

$$T = \text{水平方向的格数} \times \text{水平偏转因数}$$

得

$$T = 2 \times 0.5 = 1\text{ms}$$

所以

$$f = \frac{1}{T} = 1\text{kHz}$$

2. 使用双踪示波器注意事项

(1) 使用前必须检查电网电压是否与示波器要求的电源电压一致。

(2) 通电后需预热 15s 后再调整各旋钮。注意亮度不可开得过大，且亮点不可长期停留在一个位置上，以免缩短示波管的使用寿命。仪器暂时不用时可将亮度关小，不必切断电源。

(3) 通常信号引入线都需使用屏蔽电缆。有些示波器的探头带有衰减器，读数时需加以注意。

第2章 电工技术实验

CHAPTER 2

2.1 电路元件伏安特性的测绘

1. 实验目的

(1) 学会常用电路元件的识别方法。

(2) 熟悉直流稳压电源和数字万用表的使用。

(3) 掌握测量电路元件伏安特性的方法。

(4) 初步掌握 NI Multisim 10 的使用方法。

2. 实验原理

任何一个二端元件的伏安特性都可用该元件两端的电压 U 及流过该元件的电流 I 之间的代数关系 $I=f(U)$ 或 $U=f(I)$ 来表示。描述 I-U 关系的曲线称为该二端元件的伏安特性曲线。

1) 在电压和电流取关联参考方向时,线性电阻两端的电压和电流服从欧姆定律,即

$$I=\frac{U}{R} \tag{2-1-1}$$

其伏安特性曲线为一条通过原点的直线。

2) 非线性电阻元件两端的电压和电流不服从欧姆定律。

白炽灯工作时灯丝处于高温状态,其灯丝电阻随着温度的升高不断增大,流过灯丝的电流越大,温度越高,阻值也越大,其伏安特性曲线如图 2-1-1 (b)所示。

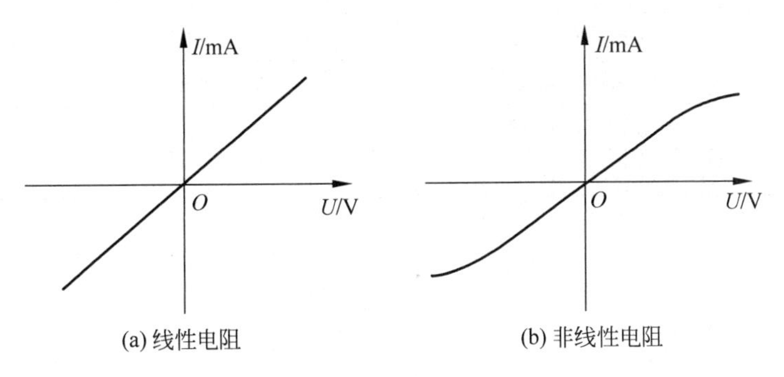

图 2-1-1 电阻元件伏安特性曲线

3）普通半导体二极管的伏安特性曲线如图 2-1-2 所示。可见，当二极管外加正向电压很小时，其正向电流几乎为零。当电压超过一定数值时，电流增长很快，这一电压称为死区电压。硅管的死区电压约为 0.5V，锗管约为 0.1V。二极管一旦导通，其正向电流随正向电压的升高急剧上升。

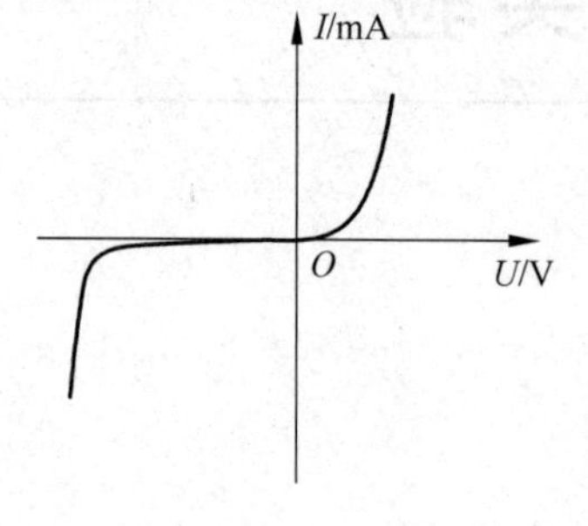

图 2-1-2　半导体二极管伏安特性曲线

反向电压从零增加到十几甚至几十伏时，其反向电流很小，称为反向饱和电流。但当反向电压超过某一极限值时，反向电流突然增大，二极管的单向导电性被破坏，此时二极管被击穿。

4）理想电压源的电压 $u(t)$ 总保持为定值或一定的时间函数，与通过它的电流无关，其伏安特性方程表示为 $u(t)=u_S(t)$。

理想电流源的电流 $i(t)$ 总保持为定值或一定的时间函数，与它两端的电压无关，其伏安特性方程表示为 $i(t)=i_S(t)$。图 2-1-3 所示为电压源及电流源的伏安特性曲线。

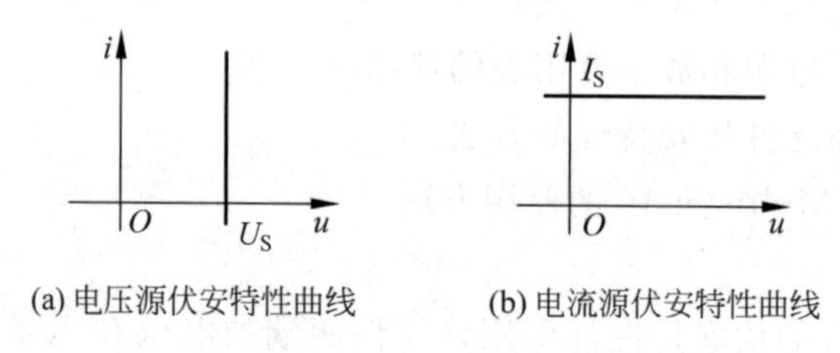

(a) 电压源伏安特性曲线　(b) 电流源伏安特性曲线

图 2-1-3　电压源及电流源的伏安特性曲线

3. 预习要求

（1）阅读实验原理及说明，了解本次实验任务和内容。

（2）参阅课外资料，了解半导体二极管的工作原理及其端口伏安特性。

（3）根据仿真实验要求，建立仿真电路，给出仿真结果。

4. 实验设备与器件

实验设备及器件如表 2-1-1 所示。

表 2-1-1　实验设备与器件

序号	名　　称	型号与规格	数　　量
1	可调直流稳压电源	0～30V	1
2	可调晶体管电流源	0～500mA	1
3	直流数字电压表		1
4	直流数字电流表		1
5	电阻器 1kΩ/0.25W		若干
6	电阻器 200Ω/8W		若干
7	二极管		若干
8	白炽灯		1
9	安装 NI Multisim 10 的计算机		1

5. 计算机仿真实验内容

NI Multisim 10 是 Electronics Workbench 公司推出的以 Windows 为系统平台的仿真工具，适用于模拟/数字线路的设计。该工具在一个程序包中汇总了框图输入、Spice 仿真、HDL 设计输入和仿真、可编程逻辑综合及其他设计能力，具有丰富的仿真分析能力。

1) 测量线性电阻的伏安特性

(1) 建立仿真电路。

NI Multisim 10 仿真软件的元件工具栏如图 2-1-4 所示。从左到右的模块分别为电源库、基本元件库、二极管库、晶体管库、模拟元件库、TTL 元件库、CMOS 元件库、各种数字元件库、混合元件库、指示器件库、杂合类元件库、高级外围元件库、RF 射频元件库、机电类元件库、微处理模块元件库、层次化模块和总线模块。

图 2-1-4　元件工具栏

① 单击元件工具栏中的电源库图标，出现 Select a Component 对话框，在 Family 列表框中选择 POWER_SOURCES 选项，随后在 Component 列表框中单击 DC_POWER 选项，如图 2-1-5 所示，单击 OK 按钮，将直流电压源图标放置在电路工作区中合适的位置。

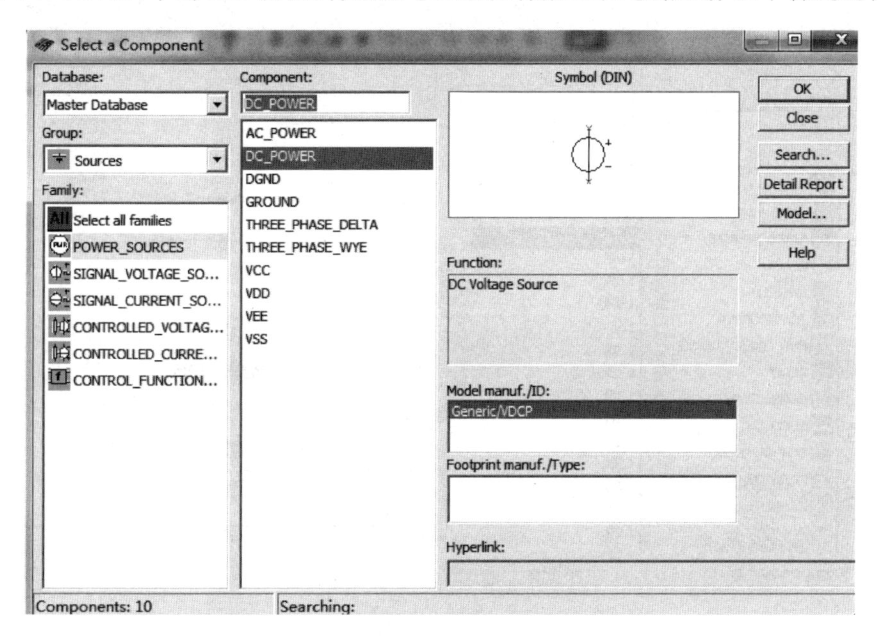

图 2-1-5　电压源选择

双击电压源图标，打开 DC_POWER 对话框，在 Value 选项卡下修改电压源参数，如图 2-1-6 所示。

② 从元件工具栏中单击基本元件库图标，在 Select a Component 对话框的 Family 列表下选择 RESISTOR 选项，随后在 Component 列表框中选择需要的阻值，如图 2-1-7 所示，单击 OK 按钮，将电阻放置在电路工作区中合适的位置。

电阻值的大小也可以通过双击电阻图标，在随后出现的属性对话框中修改。

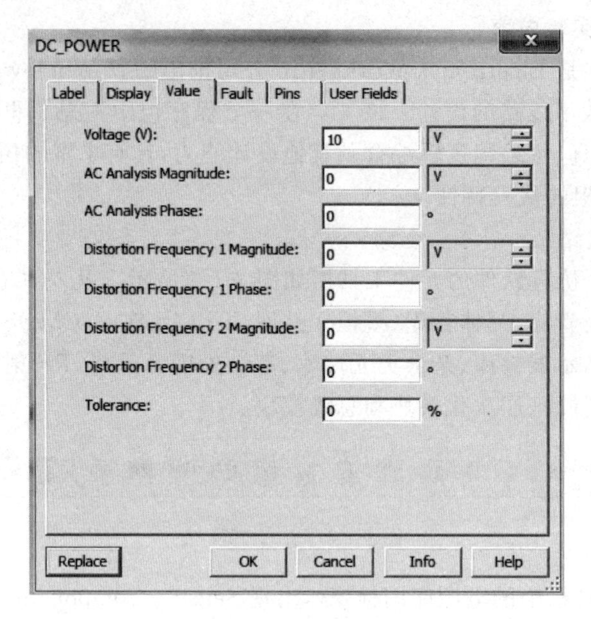

图 2-1-6　电压源参数设置

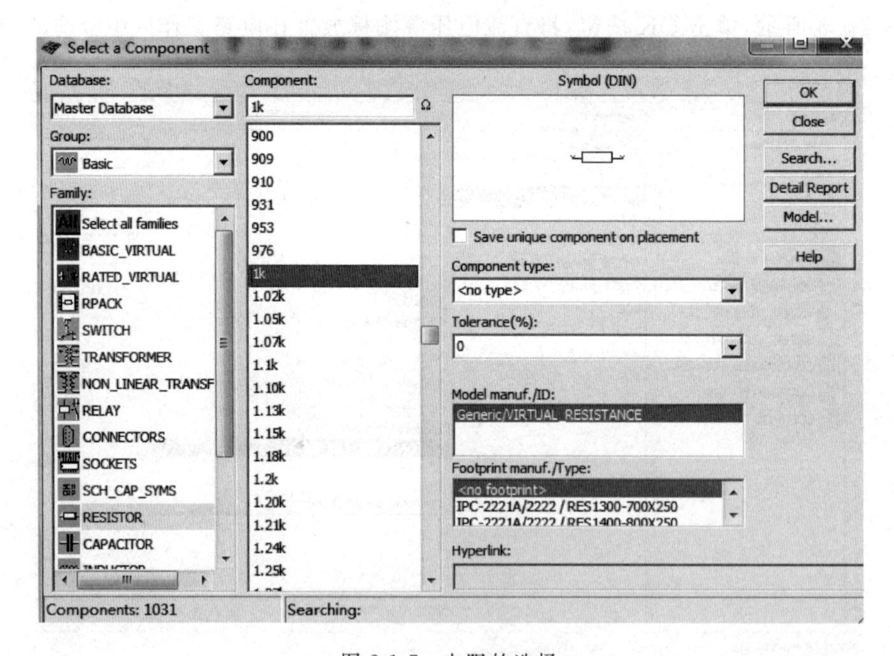

图 2-1-7　电阻的选择

单击 图标，在 Family 列表下选择 POTENTIOMETER，并设置电位器参数，如图 2-1-8 所示。

③ 在元件工具栏中单击指示器件库图标 ，弹出如图 2-1-9 所示的对话框。

分别单击 AMMETER 和 VOLTMETER 选项，选择电流表和电压表。

④ 将所选择的元件连接起来，建立仿真电路，如图 2-1-10 所示。连线时注意电压表和电流表的正负极。

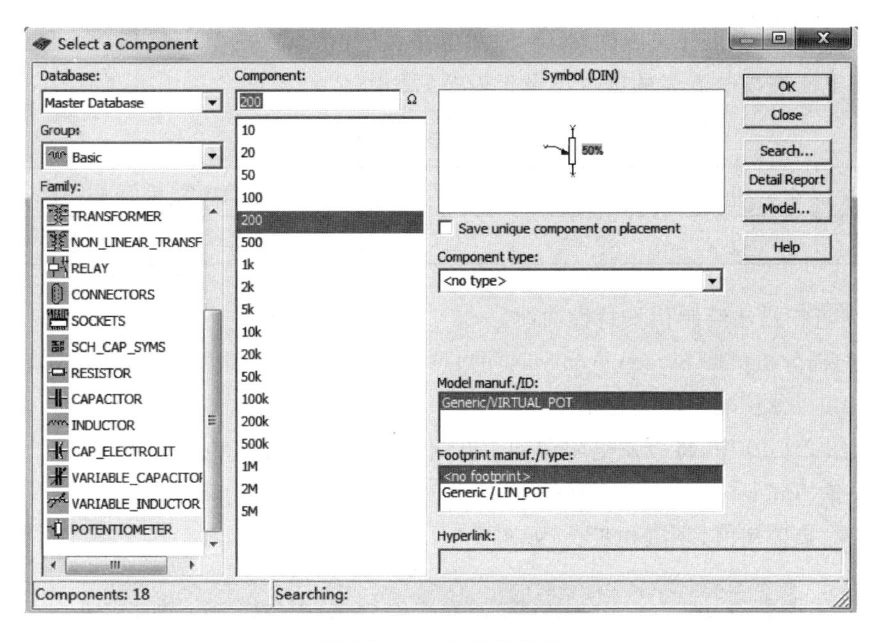

图 2-1-8　电位器的选择

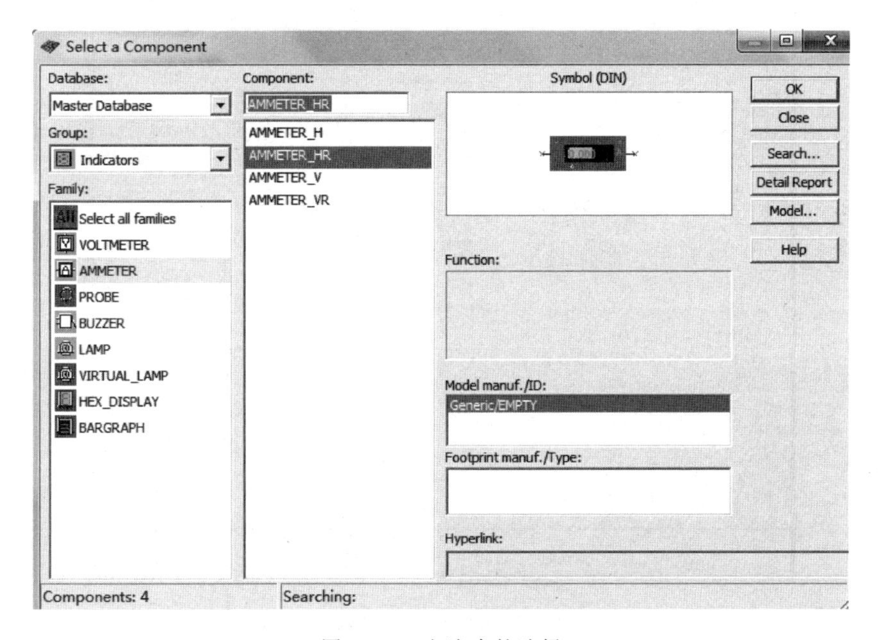

图 2-1-9　电流表的选择

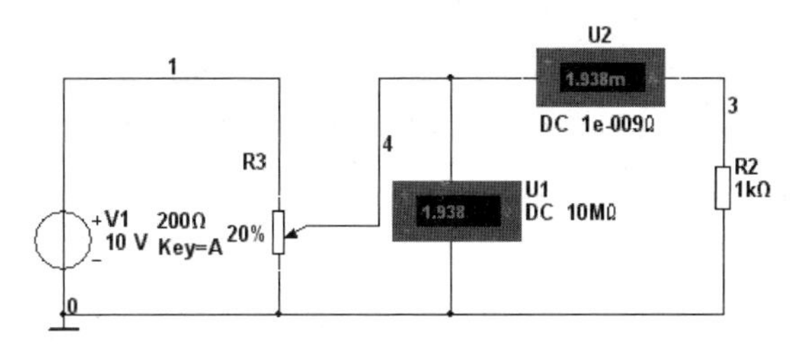

图 2-1-10　测量线性电阻伏安特性的仿真电路

⑤ 单击启动/停止开关图标，激活电路，进行仿真。调节电位器，改变电阻两端电压大小，将电压表与电流表的读数记录于表 2-1-2 中($R=1\text{k}\Omega$)。

表 2-1-2 电压表与电流表读数

U(V)	10	8.289	7.752	5.725	4.762	1.938
I(mA)	10	8.288	7.752	5.725	4.762	1.938

(2) 直流扫描法绘制伏安特性曲线。

直流扫描分析(DC Sweep Analysis)的目的是观察直流转移特性。当输入直流在一定范围内变化时，分析输出的变化情况。

① 在图 2-1-10 中，将可调电阻调到 100%，即可调电阻输出电压为 10V。

② 选择 Simulate→Analysis→DC Sweep Analysis，在 Analysis parameters 中分别设置直流电压源、扫描初值、终值和步长，如图 2-1-11 所示。

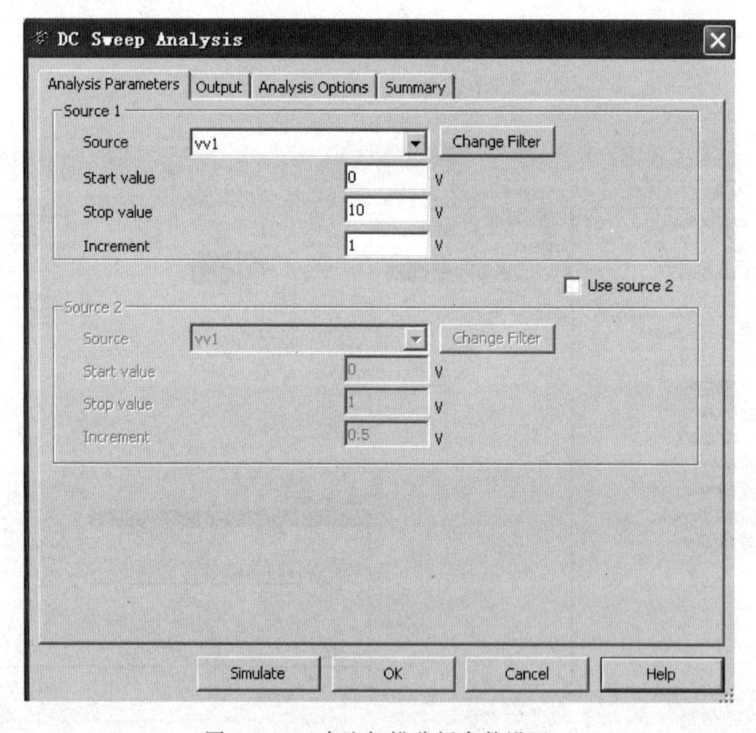

图 2-1-11 直流扫描分析参数设置

③ 选择需要分析的输出变量，此处为节点 3。在 Simulate→Postprocessor 对话框中，将输出节点的电压值除以 1000，则可以得到输出电流值，如图 2-1-12 所示。

2) 用直流扫描分析法测量二极管和非线性白炽灯泡的伏安特性。要求：

(1) 建立仿真电路；

(2) 进行参数设置；

(3) 绘制仿真曲线。

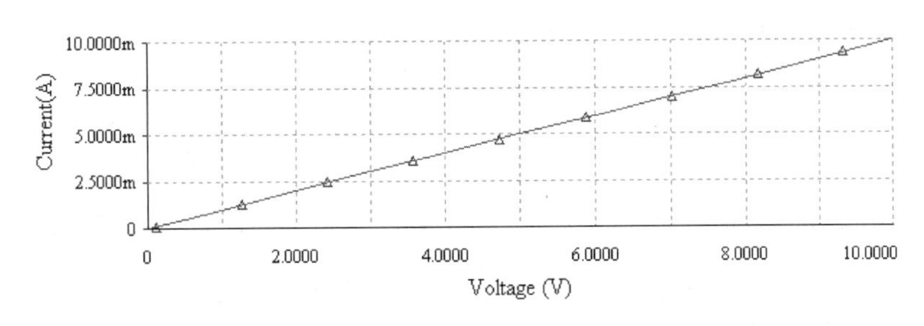

图 2-1-12　线性电阻的伏安特性曲线

6. 实验室操作实验内容

(1) 测定线性电阻的伏安特性(R=1kΩ)。

按图 2-1-13 接线，调节直流稳压电源的输出电压 U_S 从 0 开始缓慢增加到 10V，记录相应的电压表和电流表读数并填入表 2-1-3 中，画出伏安特性曲线。

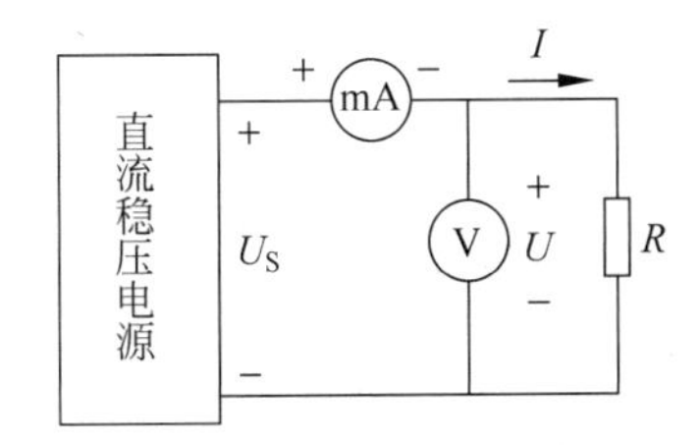

图 2-1-13　线性电阻伏安特性的测定

表 2-1-3　线性电阻伏安特性实验数据

U(V)						
I(mA)						

(2) 测定非线性白炽灯泡的伏安特性。

将图 2-1-13 中的电阻 R 换成一只 12V 的小灯泡，重复(1)的步骤，读数记入表 2-1-4，画出伏安特性曲线。

表 2-1-4　非线性白炽灯泡伏安特性实验数据

U(V)						
I(mA)						

(3) 测定半导体二极管的伏安特性(限流电阻 R=200Ω)。

将图 2-1-13 中的电阻 R 换成半导体二极管，如图 2-1-14 所示，进行如下实验。

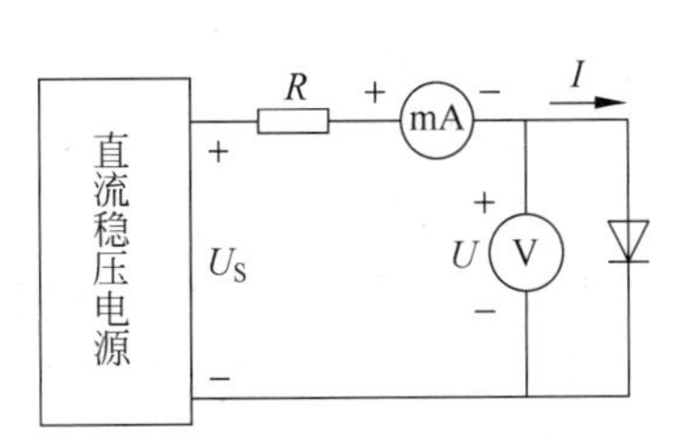

图 2-1-14　半导体二极管伏安特性的测定

二极管的伏安特性分为正向伏安特性和反向伏安特性。测量正向伏安特性时，其正向电流不得超过 25mA，正向压降可在 0～0.75V 之间取值，特别是在 0.5～0.75V 之间应该多取几个测量点。将电压表和电流表的读数填入表 2-1-5 中，然后画出二极管的正向伏安特性曲线。

表 2-1-5　正向特性实验数据

U(V)						
I(mA)						

进行反向特性实验时，需将图 2-1-14 中的二极管反接，其反向电压可加到 30V 左右。将电压表和电流表的读数填入表 2-1-6 中，然后画出二极管的反向伏安特性曲线。

表 2-1-6　反向特性实验数据

U(V)						
I(mA)						

(4) 测定电压源、电流源的伏安特性，实验线路和表格自拟，画出特性曲线。

7. 注意事项

(1) 测二极管正向特性时，稳压电源输出应从小到大逐渐增加，时刻注意电流表读数不得超过 25mA，稳压源输出端切勿碰线短路。

(2) 进行不同元件实验时，应先估算电压和电流值，合理选择仪表的量程，以免损坏仪表或增加测量误差。

(3) 万用表使用完毕后，应将旋钮置于 OFF 挡。

8. 常见故障及解决方法

故障现象：电路中某一条支路的电流为零。

解决办法：支路电流为零，则该支路开路，此时可检查导线是否断线；若各支路电流均为零，则需检查电源是否正常，必要时需更换电源保险丝。

9. 思考题

(1) 测量电路元件伏安特性的实验数据范围受元件的什么参数限制？

(2) 测量二极管的正向和反向伏安特性时，电压测量点是否一致？

2.2　基尔霍夫定律与电位、电压的测量

1. 实验目的

(1) 通过实验验证并加深对基尔霍夫定律的理解。

(2) 验证电路中电位和电压的关系，理解电位的相对性和电压的绝对性概念。

2. 实验原理

1) 基尔霍夫定律

基尔霍夫定律是集总电路的基本定律，包括基尔霍夫电流定律和电压定律。

基尔霍夫电流定律：在集总电路中，任一时刻，对任一结点，流入(或流出)该结点的支路电流的代数和恒为零，即

$$\sum i = 0$$

基尔霍夫电压定律：在集总电路中，任一时刻，沿任一回路，所有支路电压的代数和恒

为零，即

$$\sum u = 0$$

2）电位的相对性与电压的绝对性

在电路中任意选择某一结点为参考点，其余各点与参考点之间的电压称为该点的电位。参考点选的不同，各点电位也不同，但任意两点之间的电压（即电位差）则是绝对的，它不因参考点的变动而改变。

3. 预习要求

（1）阅读实验原理及说明，了解本次实验任务和内容。

（2）根据图 2-2-1 参数估算各电压和电流大小，并准确选择测量仪表的量程。

4. 实验设备与器件

本次实验所需设备和器件如表 2-2-1 所示。

表 2-2-1 实验设备与器件

序号	名 称	型号与规格	数 量
1	双路直流稳压电源	0～30V 可调	1
2	直流数字毫安表		1
3	直流数字电压表		1
4	基尔霍夫定律实验电路板		1
5	安装 NI Multisim 10 的计算机		1

5. 计算机仿真实验内容

实验电路如图 2-2-1 所示。

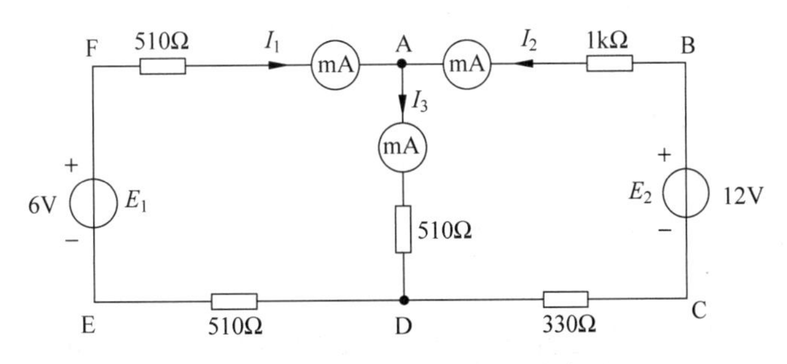

图 2-2-1 基尔霍夫定律实验线路图

1）建立仿真电路分别如图 2-2-2 和图 2-2-3 所示。

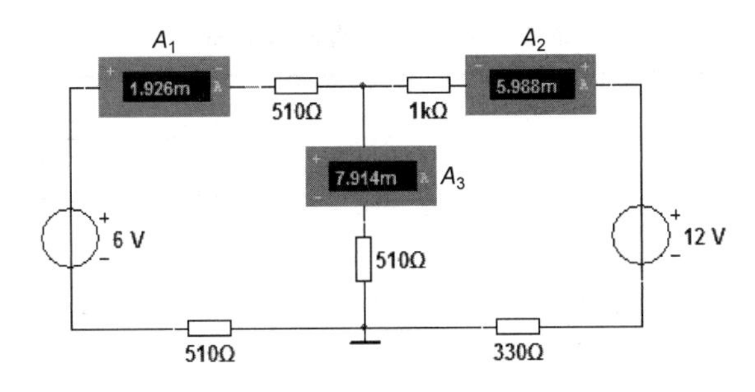

图 2-2-2 基尔霍夫电流定律仿真电路

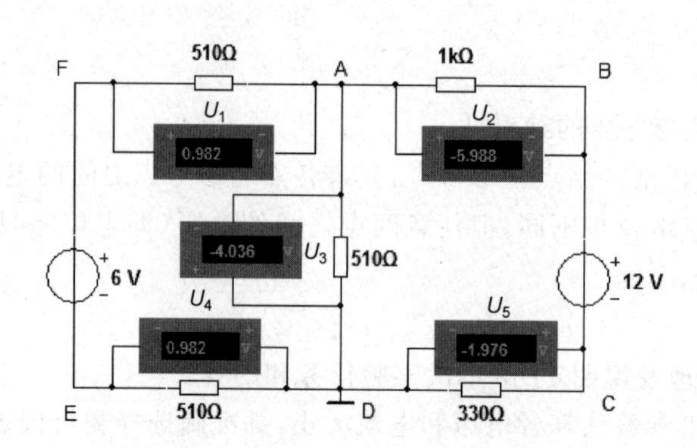

图 2-2-3　基尔霍夫电压定律仿真电路

2）得到仿真结果。

对基尔霍夫电流定律及电压定律的验证分别如表 2-2-2 和表 2-2-3 所示。

表 2-2-2　基尔霍夫电流定律验证

被测量	I_1	I_2	I_3	$\sum i$
测量值(mA)	1.926	5.988	7.914	0

表 2-2-3　基尔霍夫电压定律验证

被测量	U_{FA}	U_{AD}	U_{DE}	E_1	U_{AB}	U_{CD}	U_{DA}	E_2
测量值(V)	0.982	4.036	0.982	6	−5.988	−1.976	−4.036	12

取回路 FADEF,选回路绕行方向为顺时针,有：

$$\sum u = U_{FA} + U_{AD} + U_{DE} - E_1 = 0.982 + 4.036 + 0.982 - 6 = 0\text{V}$$

同理可验证回路 ABCDA 符合基尔霍夫电压定律。

6. 实验室操作实验内容

1）基尔霍夫定律的验证

（1）按图 2-2-1 接线。

（2）任意设定三条支路的电流参考方向,如图中的 I_1、I_2、I_3,测量并记录电流值到表 2-2-4。测量时应注意电流的正负号。

（3）用直流数字电压表分别测量两路电源及电阻上的电压值并记录到表 2-2-5。

表 2-2-4　电流测量实验数据

被　测　量	I_1	I_2	I_3
计算值(mA)			
测量值(mA)			
相对误差			

表 2-2-5　电压测量实验数据

被　测　量	U_{FA}	U_{AD}	U_{DE}	E_1	U_{AB}	U_{CD}	U_{DA}	E_2
计算值(V)								
测量值(V)								
相对误差								

根据实验数据，选定实验电路中任一节点和闭合回路，验证基尔霍夫定律的正确性。

2）电位及电压的测量

（1）以图 2-2-1 中的 A 点作为电位参考点，分别测量 B、C、D、E、F 各点的电位值 Φ 及相邻两点之间的电压值，数据列于表 2-2-6 中。

表 2-2-6　电位及电压测量结果（单位：V）

电位参考点		Φ_A	Φ_B	Φ_C	Φ_D	Φ_E	Φ_F	U_{AB}	U_{BC}	U_{CD}	U_{DE}	U_{EF}	U_{FA}
A	计算值												
	测量值												
	相对误差												
D	计算值												
	测量值												
	相对误差												

（2）以 D 点作为参考点，重复步骤(1)的测量。

7. 注意事项

（1）实验中应注意防止稳压电源两个输出端碰线短路。

（2）实验中如需换接电路或出现故障，应将稳压电源电压调至零后关闭电源，严禁带电操作。

（3）若发现电流表、电压表指针反偏，应及时断开电源，将该表的正、负极性端子的接线对调，其读数记为负值。

8. 常见故障及解决方法

参照 2.1 节。

9. 思考题

（1）测量电路中电流、电压和电位时，如何确定测量数据前面的正负号？

（2）实验中，若用指针式万用表直流毫安挡测各支路电流，在什么情况下可能出现指针反偏，应如何处理？在记录时应注意什么？

2.3　戴维宁定理及有源二端网络参数测定

1. 实验目的

（1）通过实验验证并加深对戴维宁定理的理解。

（2）掌握测量有源二端网络等效参数的一般方法。

（3）进一步熟悉使用 NI Multisim 10 进行电路直流分析的方法。

2. 实验原理

任何一个线性含源网络，如果仅研究其中一条支路的电压和电流，则可将电路的其余部分看作是一个有源二端网络(或称为含源一端口网络)。

1) 戴维宁定理

任何一个线性有源二端网络,对外电路来说,总可以用一个理想电压源和电阻相串联的电路来等效。此理想电压源的电压等于原有源二端网络的开路电压 U_{oc},其等效内阻 R_0 等于有源二端网络除源后在其端口处的等效电阻。

U_{oc}和 R_0 称为有源二端网络的等效参数。

2) 等效内阻 R_0 的测量

(1) 开路短路法。将有源二端网络输出端开路,用电压表直接测其开路电压 U_{oc};然后再将其输出端短路,用电流表测其短路电流 I_{sc},则等效内阻为

$$R_0 = \frac{U_{oc}}{I_{sc}} \tag{2-3-1}$$

(2) 伏安法。将有源二端网络中所有独立源置零后,端口处外加电压 u,测得端口处电流 i,则一端口网络的输入电阻 R_0 为

$$R_0 = \frac{u}{i} \tag{2-3-2}$$

(3) 半电压法。如图 2-3-1 所示,改变负载电阻使其两端电压为被测网络开路电压的一半,此负载电阻即为一端口网络的输入电阻。

(4) 直接测量法。将被测有源网络内的所有独立源置零(电流源开路,电压源用一根短路导线代替),然后用万用表的欧姆挡直接测量网络端口间的电阻值即为 R_0。

第(4)种方法最简便,但是对于含有受控源的网络,此法不能使用。

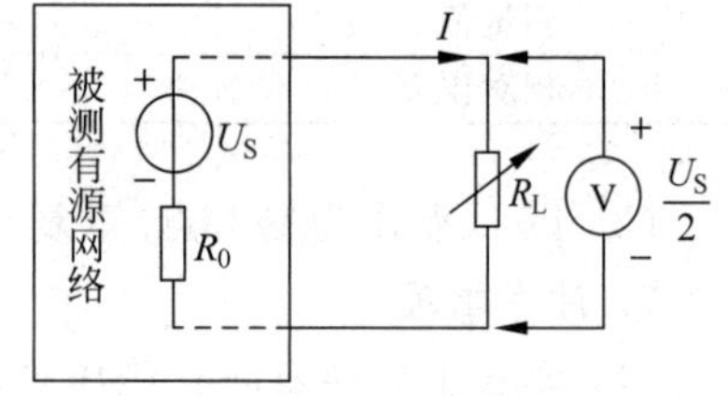

图 2-3-1　半电压法测网络等效内阻

3. 预习要求

(1) 复习戴维宁定理的有关知识。

(2) 计算图 2-3-2 中 R_L 取不同值时其两端电压和电流大小,准确选择测量仪表的量程。

(3) 搭建仿真电路,得出仿真结果。

4. 实验设备与器件

本次实验所需设备和器件如表 2-3-1 所示。

表 2-3-1　实验设备和器件

序号	名　称	型号与规格	数量
1	可调直流稳压电源	0～30V 可调	1
2	可调晶体管电流源		1
3	直流数字毫安表		1
4	直流数字电压表		1
5	数字万用表		1
6	可变电阻箱		1
7	戴维宁定理实验电路板		1
8	安装 NI Multisim 10 的计算机		1

5. 计算机仿真实验内容

(1) 被测有源二端网络如图 2-3-2 所示。

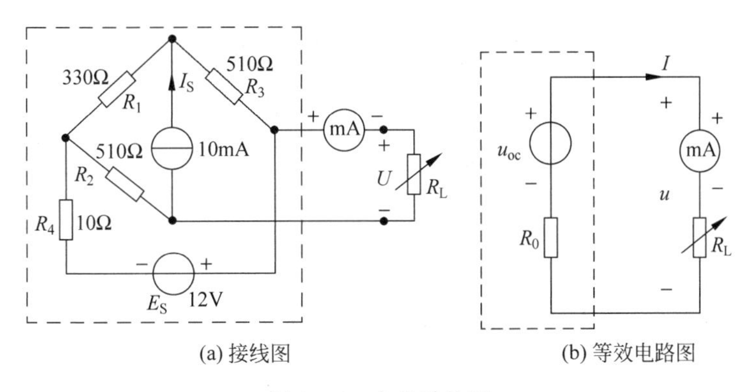

(a) 接线图　　(b) 等效电路图

图 2-3-2　实验线路图

(2) 建立仿真电路，用万用表分别测量该一端口网络的开路电压和短路电流。

① 单击软件基本界面虚拟仪器工具条的 Multimeter 按钮，调出虚拟万用表，如图 2-3-3 所示。

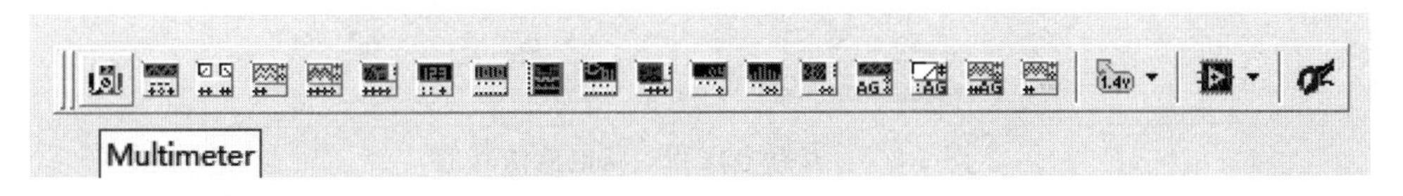

图 2-3-3　虚拟仪器工具栏

Multisim 10 提供的万用表外观和操作与实际的万用表相似，有正极和负极两个引线端，可测量交(直)流电流、电压、电阻和分贝，如图 2-3-4 所示。

② 单击元件工具栏电源库→Select all families→DC_CURRENT，选择电流源并设置其参数，如图 2-3-5 所示。

③ 从元件工具栏中分别调出电压源、电阻，设置参数，连成仿真电路，如图 2-3-6 所示。

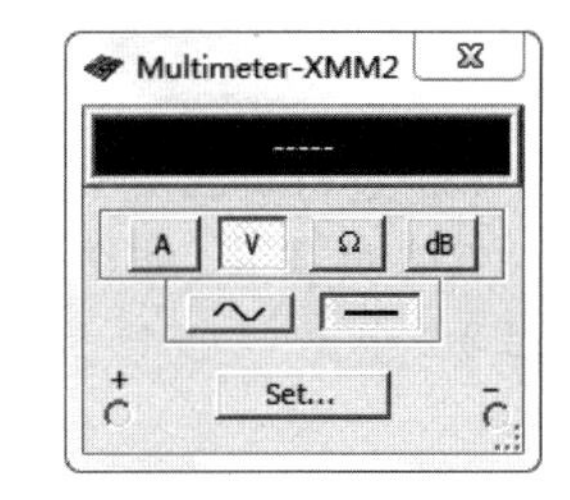

图 2-3-4　数字万用表

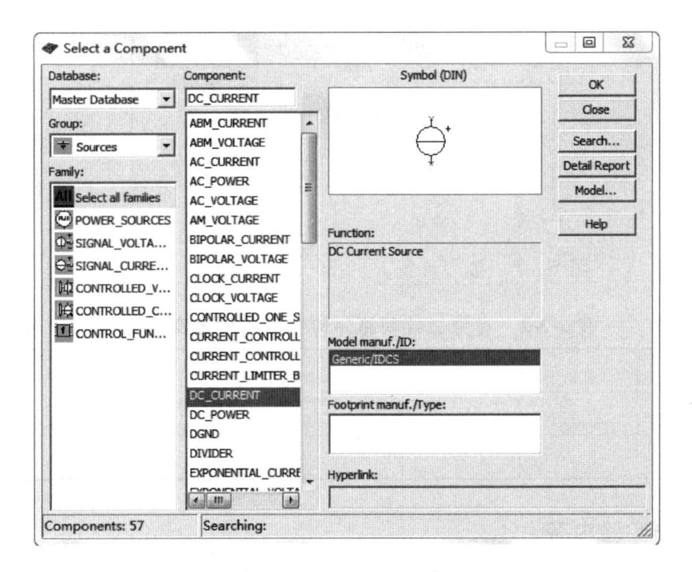

图 2-3-5　电流源的选择

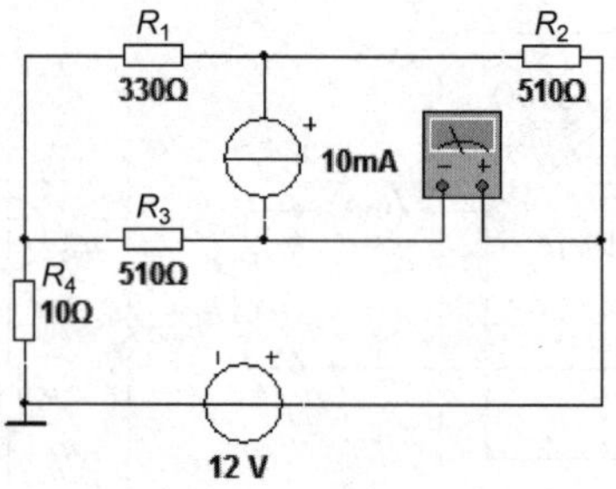

图 2-3-6　仿真测试电路

仿真结果如图 2-3-7 所示。

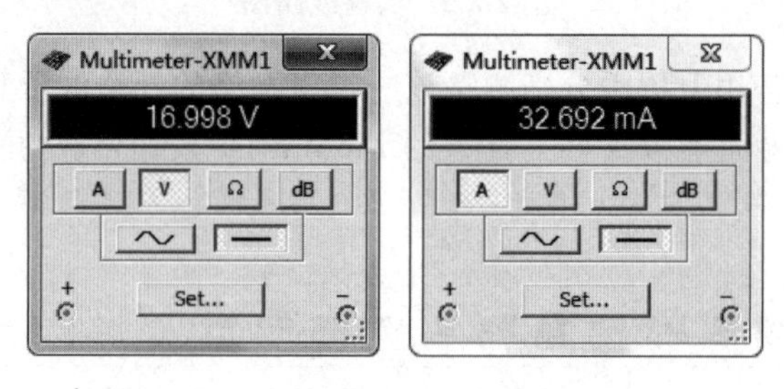

图 2-3-7　开路电压和短路电流仿真值

由此可计算出一端口的等效电阻，即

$$R_0 = \frac{u_{oc}}{i_{sc}} = \frac{16.998}{0.03269} = 519.98\Omega$$

(3) 进行负载实验。

接入负载 R_L 如图 2-3-8 所示，改变负载阻值，测量有源二端网络的外特性，填入表 2-3-2 中。

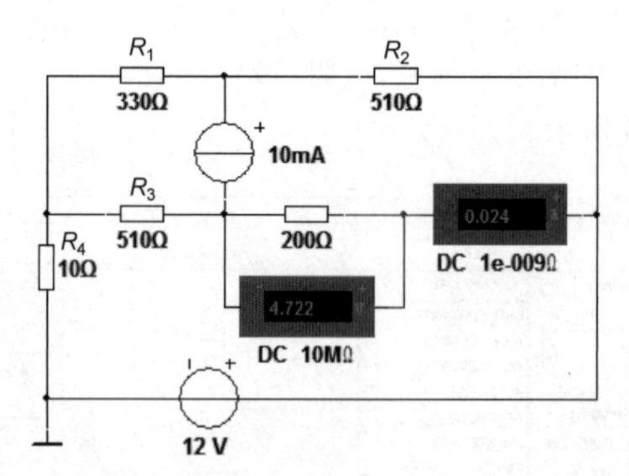

图 2-3-8　接入负载 $R_L=200\Omega$ 时的电压、电流值

表 2-3-2　有源二端网络外特性测试仿真实验结果

R_L								
U(V)								
I(A)								

6. 实验室操作实验内容

(1) 在图 2-3-2 (a)中测量含源一端口网络的开路电压和短路电流，计算其等效内阻，填

入表 2-3-3 中。

表 2-3-3 开路短路法测量结果

测量值	开路电压 U_{oc}(V)	电路电流 I_{sc}(mA)	计算值	R_0(Ω)

(2) 负载实验。按图 2-3-2 (a)接入负载 R_L,改变 R_L 阻值,测量有源二端网络的外特性,填入表 2-3-4 中。

表 2-3-4 有源二端网络外特性测量

R_L								
U(V)								
I(A)								

(3) 戴维宁定理的验证。

从可变电阻箱上取得按步骤(1)所得的等效电阻 R_0 之值,然后令其与直流稳压电源(调到步骤(1)时所测得的开路电压 U_{oc}之值)相串联,如图 2-3-2(b)所示,仿照步骤(2)测其外特性,测量数据填入表 2-3-5 中,对戴维宁定理进行验证。

表 2-3-5 有源二端网络外特性测量

R_L								
U(V)								
I(A)								

(4) 用直接测量法测量被测有源二端网络的等效电阻,记录实验结果。

(5) 用半电压法测量被测网络的等效内阻 R_0,线路自拟,记录实验结果。

7. 注意事项

(1) 实验过程中,直流稳压电源的两端不能短路。在换接实验电路时,应先断开电源开关。测量时应注意电流表和电压表量程的更换。

(2) 用万用表直接测 R_0 时,网络内的独立源必须先置零,以免损坏万用表。

8. 常见故障及解决方法

参照 2.1 节。

9. 思考题

(1) 直接法测量有源二端网络等效内阻时,如何理解"被测有源网络内的所有独立源置零"? 实验中应怎样将独立电源置零?

(2) 本实验中可否直接进行负载短路实验? 测短路电流时,应注意什么问题?

2.4 典型电信号的观察与测量

1. 实验目的

(1) 熟悉低频信号发生器的使用方法。

(2) 掌握用示波器自检的方法,会观察电信号波形,会定量测出正弦信号波形参数。

2. 实验原理

(1) 正弦交流信号是常用的电激励信号之一,可由低频信号发生器提供。正弦信号的波形参数是幅值U_m、周期T(或频率f)和初相。

(2) 示波器是一种信号图形观测仪器,可测出电信号的波形参数。从荧光屏的Y轴刻度尺并结合其量程分挡选择开关(Y轴输入电压灵敏度V/DIV分挡选择开关)读得电信号的幅值;从荧光屏的X轴刻度尺并结合其量程分挡(时间扫描速度t/DIV分挡)选择开关,读得电信号的周期、脉宽和相位差等参数。为了完成对各种不同波形、不同要求的观察和测量,它还有一些其他的调节和控制旋钮,希望在实验中加以摸索和掌握。

一台双踪示波器可以同时观察和测量两个信号的波形和参数。

3. 预习要求

查阅资料了解双踪示波器VP-5565D、函数信号发生器SU3050的使用方法。

4. 实验设备与器件

本次实验所需设备和器件如表2-4-1所示。

表2-4-1 实验设备与器件

序号	名　称	型号与规格	数量
1	双踪示波器	VP-5565D	1
2	函数信号发生器	SU3050	1

5. 实验内容

1) 找到示波器的扫描线

(1) 将输入耦合选择开关置于GND位置;

(2) 将扫描方式选择按钮AUTO按下;

(3) 调节辉度旋钮使扫描线亮度适中;

(4) 调节垂直位移旋钮使扫描亮线位于管面中间位置。

2) 双踪示波器的自检

用机内"校准信号"方波(1kHz,V_{P-P}=0.3V)对示波器进行自检。

(1) 调出波形。

用示波器的专用电缆线把"校准信号"与CH1(或CH2)输入插口接通。调节示波器各有关旋钮,使荧光屏上显示一至数个周期的稳定波形。

(2) 校核校准信号的幅度。

首先应把Y轴灵敏度"微调"旋钮置于"校正"位置,把Y轴灵敏度开关置于适当位置,测得校准信号的幅度,并将数据记入表2-4-2中。

(3) 校核校准信号的频率。

首先应把"扫描微调"旋钮置于"校准"位置,将扫速开关置于适当位置,测得校准信号的频率,并将数据记入表2-4-2中。

表 2-4-2 校正信号的测量

	标称值	原始数据		实测值
幅度	0.3V_{P-P}	DIV	V/DIV	V
频率	1kHz	DIV	t/DIV	Hz

3）正弦波信号的观测

(1) 通过电缆线，将信号发生器的正弦波输出口与示波器的 Y_A 插座相连。

(2) 接通信号发生器的电源，选择正弦波输出。通过相应调节，使输出信号分别为频率为 1.5kHz、有效值为 1V；频率为 20kHz、有效值为 3V。调节示波器 Y 轴和 X 轴的偏转灵敏度至合适的位置，从荧光屏上读得幅值及周期，记入表 2-4-3 中。

表 2-4-3 正弦波信号的测量

所测项目	正弦波信号频率的测定				正弦波信号幅值的测定			
	示波器“t/DIV”旋钮位置	一个周期占有的格数	周期(s)	所得频率(Hz)	示波器“V/DIV”位置	峰-峰值波形格数	峰-峰值	计算所得有效值
1.5kHz,1V								
20kHz,3V								

6. 注意事项

(1) 示波器的辉度不要过亮。

(2) 调节仪器旋钮时，动作不要过快、过猛。

(3) 调节示波器时，要注意触发开关和电平调节旋钮的配合使用，以使显示的波形稳定。

(4) 作定量测定时，示波器的“t/DIV”和“V/DIV”的微调旋钮应旋至“标准”位置。

(5) 为防止外界干扰，信号发生器的接地端与示波器的接地端要相连(称共地)。

(6) 信号发生器上的输出功率不能超过额定值，也不能将输出端短路以免损坏仪器。

(7) 万用表显示 1 时，表明超量程形态，应选择更高的量程。

7. 常见故障及解决方法

故障现象 1：在确保示波器电源开关打开的情况下，不显示水平扫描基线。

原因及解决办法：

(1) 示波器辉度旋钮没有调节到合适位置。调辉度旋钮到中间位置。

(2) 扫描工作方式没有置于自动方式。调到自动扫描。

(3) 垂直方向偏出。调节垂直位移旋钮，使基线回到屏幕中。

(4) 水平方向偏出。调节水平方向旋钮，使基线回到屏幕中。

故障现象 2：示波器波形显示不稳定。

原因及解决办法：

(1) 被测信号本身的问题。换一台示波器测试同一信号，对比测试结果，确定测试信号本身是否有问题。

(2) 示波器的一些旋钮没有调到合适位置。示波器的触发电平旋钮(LEVEL)应右旋到FIX位置,触发信号源开关应置于内触发INT位置,INT方式下的触发源只能选CH1或CH2,扫描时间因数旋钮(TIME/DIV)应该置于合适位置。

(3) 示波器本身出现故障,联系厂家维修。

故障现象3:从示波器读出的波形电压和周期与实际值不符。

原因及解决办法:用示波器测量被测信号的电压时,除了调节电压灵敏度选择旋钮(VOLTS/DIV)使信号波形有合适的大小外,还要注意内侧的微调旋钮要顺时针调至"校准"位置;测周期时调节A扫描时间因数(TIME/DIV)旋钮使波形显示一到两个周期,同时还要将HOLDOFF旋钮右旋至NORM位置。这样测量才准确。

故障现象4:信号输入后示波器无波形显示。

原因及解决办法:

(1) 输入耦合方式置于GND位置。输入耦合方式有AC、DC、GND,应置于AC或DC。

(2) VOLTS/DIV挡位太小或太大。调整VOLTS/DIV挡位至合适位置。

(3) 触发方式不对。触发信号源开关应置于内触发;扫描工作方式置于自动方式。调整触发电平旋钮至FIX位置,如有信号输入会稳定住,至少可以看见波形。

(4) 波形垂直方向偏出。调节垂直位移旋钮,使波形回到屏幕中。

(5) 波形水平方向偏出。调节水平方向旋钮,使波形回到屏幕中。

(6) TIME/DIV挡位不对。调整至输入信号周期(频率)估算值出现波形后,再调到合适位置。

8. 思考题

(1) 示波器面板上的"t/DIV"和"V/DIV"的含义是什么?

(2) 观察本机"校准信号"时,要在荧光屏上得到两个周期的稳定波形,而幅度要求为三格,Y轴电压灵敏度应置于哪一挡位置?"t/DIV"又应置于哪一挡位置?

2.5 RC一阶电路的时域响应

1. 实验目的

(1) 学习示波器和信号发生器的使用。

(2) 研究RC电路在方波激励下的过渡响应过程。

(3) 掌握测定一阶电路时间常数τ的方法,了解电路参数对过渡过程的影响。

2. 实验原理

1) RC电路在方波信号激励下的响应

动态电路的过渡过程是十分短暂的单次变化过程,要用普通示波器观察这一过程,必须使这个波形成为周期性重复的波形,为此可用信号发生器输出的方波作为RC电路的激励信号。当RC电路的时间常数远小于方波信号的周期时,RC电路的响应可视为零输入响应和零状态响应的多次过程。如图2-5-1所示,为了清楚地观察到响应的全过程,可使$t_P \approx 5\tau$。

2) 电路时间常数的测定

① 用示波器测量零输入响应的波形如图2-5-2(a)所示。由于$u_C(t)=Ue^{-\frac{t}{\tau}}$,当$t=\tau$时,$u_C(\tau)=0.368U$,此时对应的时间就等于$\tau$。

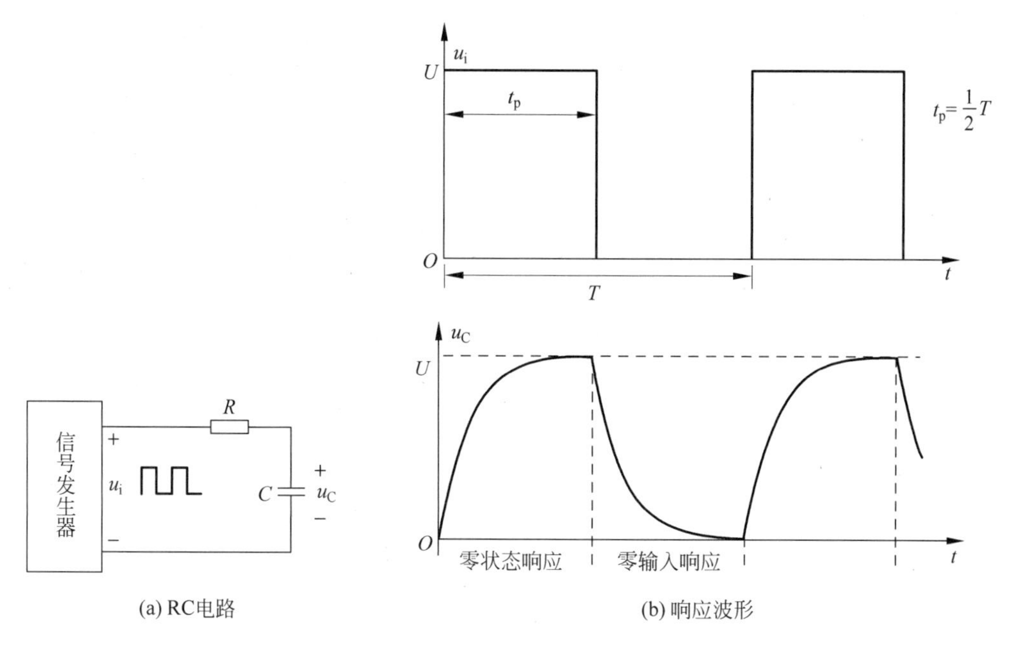

图 2-5-1 RC 一阶电路在方波激励下的响应波形

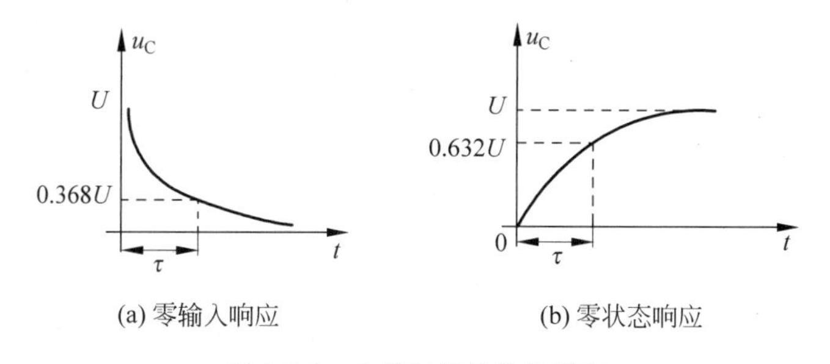

图 2-5-2 电路时间常数的测定

② 用示波器测量零状态响应的波形如图 2-5-2(b)所示。因为

$$u_C(t)=U(1-e^{-\frac{t}{\tau}})$$

当 $t=\tau$ 时，$u_C(\tau)=0.632U$，此时对应的时间就等于 τ。

3）微分电路和积分电路

微分电路和积分电路是 RC 一阶电路中的典型电路。

在图 2-5-3 所示电路中，当电路的时间常数 $\tau \ll \frac{1}{2}T$ 且将 R 两端作为输出端时，输出电压与输入电压近似为微分关系，该电路就是一个微分电路。

利用微分电路可以将方波转变成尖脉冲。

若将图 2-5-3(a)中的 R 与 C 位置调换一下，如图 2-5-4(a)所示，由电容 C 两端的电压作为输出响应，且令电路的时间常数 $\tau \gg \frac{1}{2}T$，此时电路的输出信号与输入信号的积分成正比，该电路称为积分电路，响应波形如图 2-5-4(b)所示。

利用积分电路可以将方波转变成三角波。

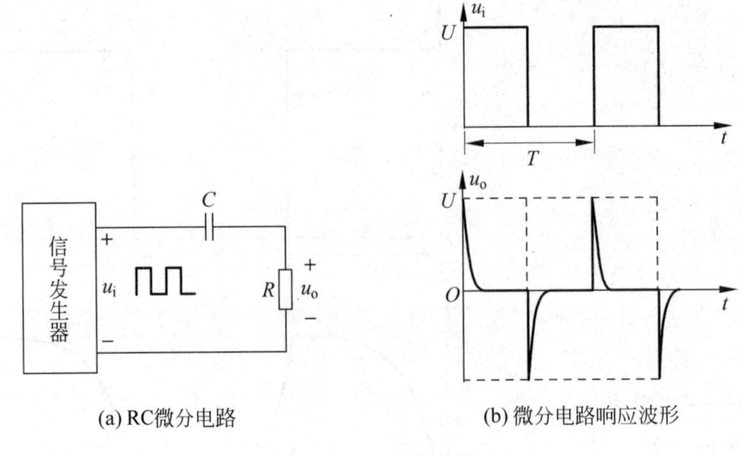

(a) RC微分电路　　(b) 微分电路响应波形

图 2-5-3　微分电路

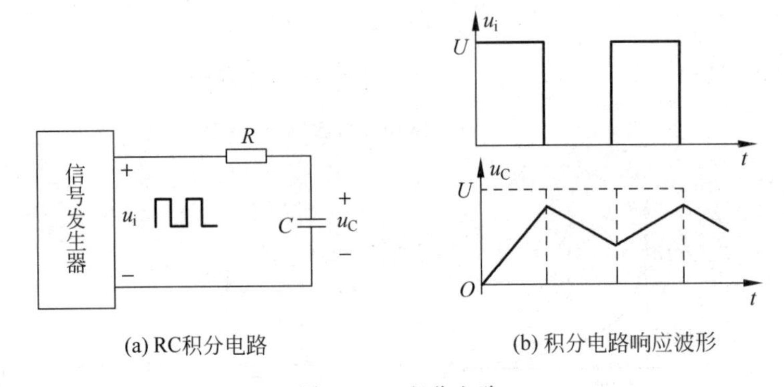

(a) RC积分电路　　(b) 积分电路响应波形

图 2-5-4　积分电路

从输入、输出波形来看,上述两个电路均起着波形变换的作用,请在实验过程中仔细观察与记录。

3. 预习要求

(1) 阅读实验原理部分内容,重点了解 RC 一阶电路的零输入和零状态响应,时间常数 τ 的测量方法,微分、积分电路的条件。

(2) 阅读示波器的有关内容,掌握示波器的使用和测量方法。

(3) 根据设计任务和要求,预先设计实验方案。

4. 实验设备与器件

本次实验所需设备和器件如表 2-5-1 所示。

表 2-5-1　实验设备和器件

序号	名　　称	型号与规格	数量
1	函数信号发生器	SU3050DDS	1
2	双踪示波器	VP-5565D	1
3	动态电路实验板		1
4	安装 NI Multisim 10 的计算机		1

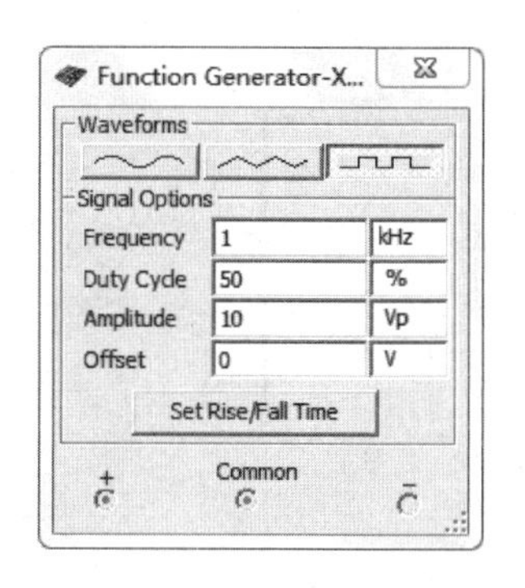

图 2-5-5　函数信号发生器参数设置

5．计算机仿真实验内容

（1）建立 RC 一阶仿真电路

① 单击虚拟仪器工具栏的函数信号发生器(Function Generator)图标，调出函数信号发生器。Multisim 10 提供的函数信号发生器如图 2-5-5 所示，可以产生正弦波、三角波和矩形波。

② 单击虚拟仪器工具栏的双通道示波器(Oscilloscope)图标，调出示波器，如图 2-5-6 所示。该示波器可以观察一路或两路信号波形的形状，分析被测周期信号的幅值和频率。

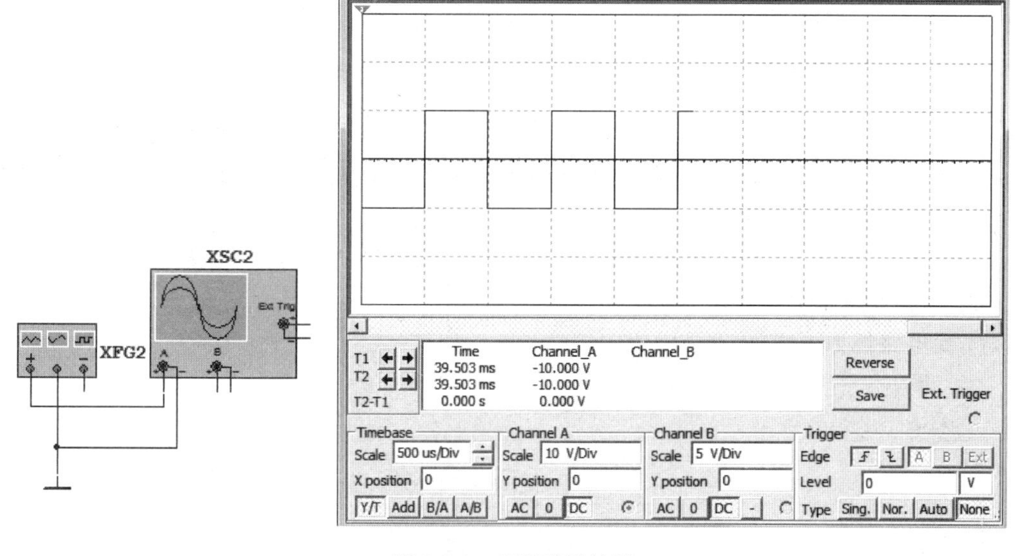

图 2-5-6　双通道示波器

③ 在基本元件库中调出电阻和电容，建立仿真电路如图 2-5-7 所示，观察 RC 电路在不同时间常数时的响应波形。

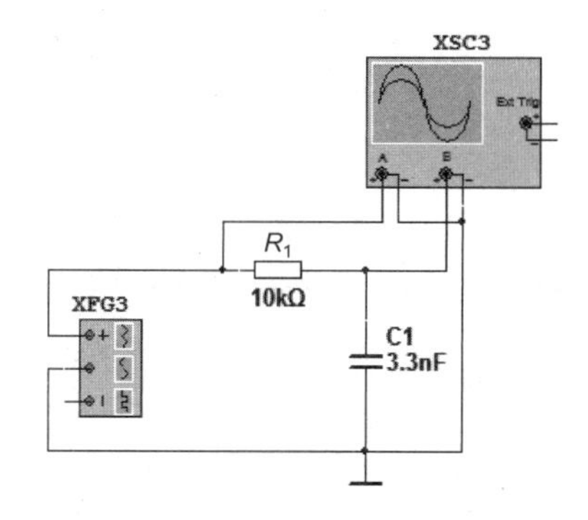

图 2-5-7　RC 一阶仿真电路

仿真结果如图 2-5-8 所示。

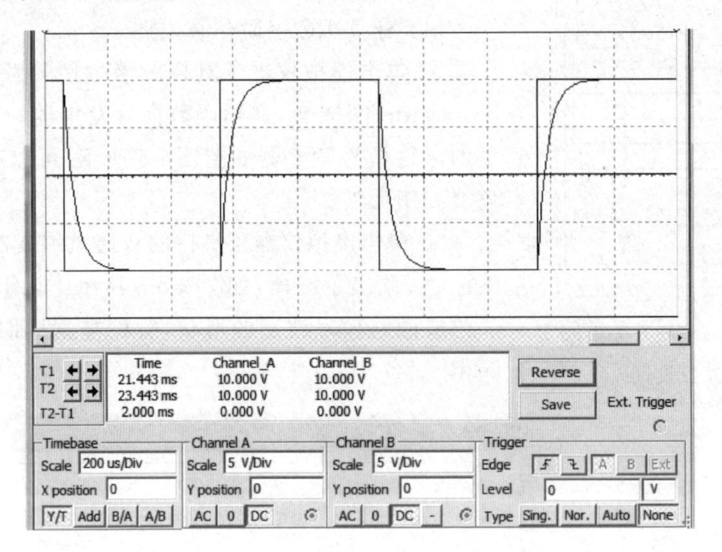

图 2-5-8　$R=10\text{k}\Omega$、$C=3300\text{pF}$、$f=1000\text{kHz}$ 时的过渡过程曲线

(2) 令 $R=10\text{k}\Omega$, $C=0.01\mu\text{F}$,描绘响应波形,给出时间常数 τ 的测量值。

(3) 设计 RC 微分电路,参数自拟,建立仿真电路,描绘仿真波形,测量电路时间常数。

(4) 设计 RC 积分电路,参数自拟,建立仿真电路,描绘仿真波形,测量电路时间常数。

6. 实验室操作实验内容

实验电路板如图 2-5-9 所示。

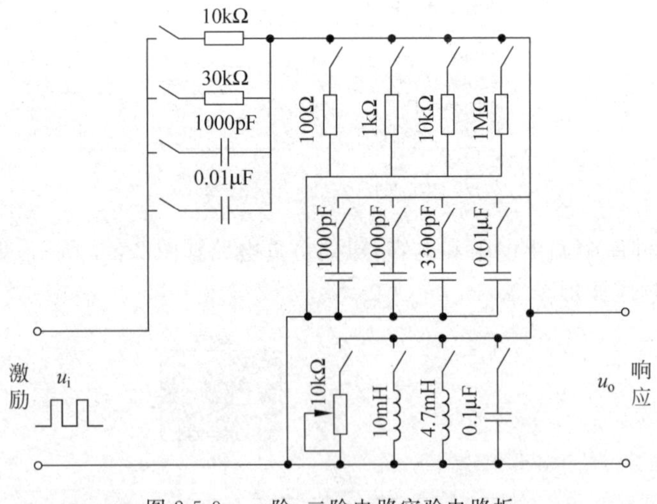

图 2-5-9　一阶、二阶电路实验电路板

(1) 从电路板上选择 $R=10\text{k}\Omega$, $C=3300\text{pF}$ 组成如图 2-5-1(a)所示的 RC 充放电电路。调节函数信号发生器使其输出 $U_o=3\text{V}$、$f=1\text{kHz}$ 的方波电压信号。用双踪示波器同时观察并描绘输入、输出信号波形,测算出时间常数 τ。

少量地改变电容值或电阻值,定性地观察对响应的影响,记录观察到的现象。

(2) 令 $R=10\text{k}\Omega$, $C=0.01\mu\text{F}$,观察并描绘响应的波形,测算出时间常数 τ。

继续增大 C 值,定性地观察对响应的影响。

(3) 令 $C=0.01\mu F$,$R=1k\Omega$,组成如图 2-5-3 (a)所示的微分电路。在同样的方波激励信号作用下,观测并描绘激励与响应的波形。

(4) 参数自拟,组成一阶积分电路,观测并描绘在 $U_i=3V$、$f=1kHz$ 的方波激励下的响应波形。

7. 注意事项

(1) 调节电子仪器各旋钮时,动作不要过快、过猛。实验前,需熟读双踪示波器的使用说明书。观察双踪时,要特别注意相应开关、旋钮的操作与调节。

(2) 信号源的接地端与示波器的接地端要连在一起(称共地),以防外界干扰而影响测量的准确性。

(3) 示波器的辉度不应过亮,尤其是光点长期停留在荧光屏上不动时,应将辉度调暗,以延长示波管的使用寿命。

8. 常见故障及解决方法

故障现象:测量得到的输出信号波形与输入信号波形完全一致。

解决办法:仔细观察电路中电阻的位置,通常是因为电阻选错造成电路断开。

9. 思考题

(1) 什么样的电信号可作为 RC 一阶电路零输入响应、零状态响应和全响应的激励源?

(2) 何为积分电路和微分电路,它们必须具备什么条件? 它们在方波序列脉冲的激励下,其输出波形的变化规律如何? 这两种电路有何功用?

2.6 电感性负载电路功率因数的提高

1. 实验目的

(1) 掌握正弦稳态交流电路中电压、电流的相量关系。

(2) 掌握日光灯线路的接线方法。

(3) 理解改善电路功率因数的意义,掌握提高感性负载功率因数的方法。

2. 实验原理

1) 改善电路功率因数的意义

电力系统中的负载大多是感性负载,如工业用感应电动机、变压器,以及照明用日光灯等。由于感性负载的存在造成电力网的功率因数偏低,使得发电设备的容量不能充分利用,同时也增加了线路压降和功率损耗。因而,为了提高供电系统的经济效益和供电质量,必须采取措施提高电感性负载的功率因数。

日光灯是感性负载,其功率因数较低。

2) 提高感性电路功率因数的方法

通常提高感性负载功率因数的方法是在负载两端并联电容,使负载的总无功功率减小,这样在传送一定的有功功率时,系统的功率因数得以提高。当并联电容的容量值达到 $Q_C=Q_L$ 时,系统总无功功率 $Q=Q_L-Q_C=0$,此时功率因数 $\cos\varphi=1$,线路电流最小。继续增大电容值,功率因数再次下降,这种现象称为过补偿。

实际系统中应避免出现过补偿现象。

负载功率因数可以用三表法测量电源电压、负载电流和功率，用公式 $\cos\varphi=\frac{P}{UI}$ 计算。

3）日光灯的工作原理

日光灯电路由灯管、起辉器和镇流器组成，如图 2-6-1 所示。

启辉器在日光灯接通过程中起自动开关作用。启辉器内有一个充有氖气的氖泡，其中含两个电极，一个是固定电极，另一个是由两片热膨胀系数相差较大的金属片辗压而成的可动电极。在两电极的引出端并联一个电容 C，用以消除对无线电设备的干扰。

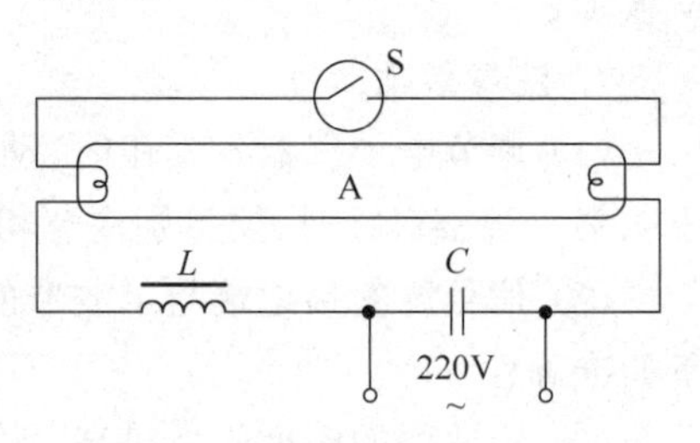

图 2-6-1　日光灯电路

镇流器是一个具有铁心的电感线圈，其作用是在启动瞬间产生较高的自感电动势以点亮日光灯，并在点亮后限制灯管的电流，防止灯管损坏。

当日光灯电路接通电源后，因灯管尚未导通，故电源电压全部加在启辉器两端，使氖泡的两电极之间发生辉光放电，可动电极的双金属片受热弯曲而与固定电极接触，于是电源、镇流器、灯丝和启辉器构成一个闭合回路，所通过的电流使灯丝预热而发射电子；在氖泡内，两电极接触后辉光放电熄灭，双金属片冷却与固定电极分开，断开的瞬间使电路电流突然消失并在电感上产生一个比电源电压高得多的感应电动势，连同电源电压一起加在灯管的两端，使灯管内的惰性气体电离而引起弧光放电，产生大量紫外线，灯管内壁的荧光粉吸收紫外线后，辐射出可见光，日光灯开始正常工作。

3. 预习要求

（1）参阅课外资料，了解日光灯的接线方法和工作原理。

（2）复习正弦稳态交流电路的相关知识，理解交流电路中电压电流的相量关系，理解感性负载提高功率因数的方法和意义。

4. 实验设备与器件

本次实验所用设备和器件如表 2-6-1 所示。

表 2-6-1　实验设备与器件

序号	名　称	型号与规格	数量
1	调压变压器	0～380V	1
2	交流电压表		1
3	交流电流表		1
4	功率表		1
5	日光灯灯管	30W	1
6	镇流器、启辉器	30W 日光灯配用	各一个
7	电容器	1μF/2.2μF/4.7μF	各一个
8	安装 NI Multisim 10 的计算机		1

5. 计算机仿真实验内容

1）等效电路

日光灯正常工作后，可看成灯管和镇流器串联的电路。灯管相当于一个电阻元件 R，而镇流器是一个铁芯线圈，相当于一个由电阻 r 和电感 L 相串联的元件。这样，日光灯电路就看成一个$(R+r)$和L串联的感性电路，其等效电路如图2-6-2所示。

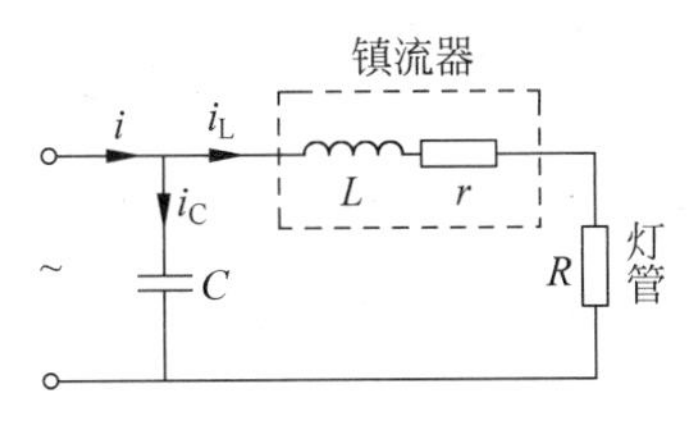

图2-6-2 日光灯等效电路图

对于实验中采用的30W日光灯，采用三表法实际测量其元件参数，得：

$$L=1.62\text{H},\quad r=60\Omega,\quad R=208\Omega$$

2）仿真电路的构建

根据等效电路图，在Multisim 10环境下创建仿真电路如图2-6-3所示。

图2-6-3各元件参数设置如下：

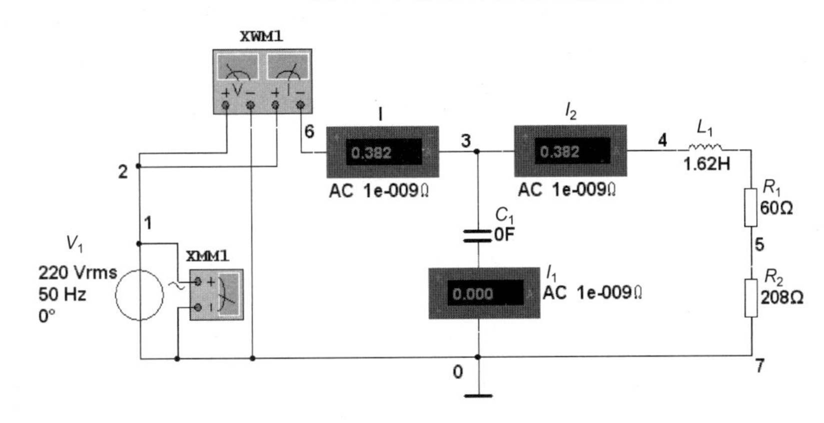

图2-6-3 仿真电路图

（1）电源

从信号源元件库中找到交流电源AC-Power，设置其电压有效值（Voltage RMS）为220V，频率为（Frequency）50Hz。

（2）元件

从基本元件库中分别找到$L=1.62\text{H}$，$r=60\Omega$，$R=208\Omega$和电容C，在下面的仿真实验中分别设置电容参数为0、1μF、2.2μF、4.7μF和5.6μF。

（3）仪表

从指示器元件库中找到电流表，从仪器仪表库中找到功率表，按照等效电路图连接电路。注意，功率表有四个接线端子，相当于一个电压表和一个电流表。因此和电压表、电流表接线方式一致，即电压表并联，电流表串联。

3）仿真结果分析

仿真结果见表2-6-2。

表2-6-2 不同电容值下的仿真结果

电容值(μF)	I/A	I_L/A	I_C/A	P/W	$\cos\varphi$
0	0.382	0.382	0	39.212	0.466
1	0.323	0.382	0.069	39.220	0.552
2	0.268	0.382	0.138	39.209	0.665
4.7	0.179	0.382	0.325	39.207	0.997
5.6	0.185	0.382	0.387	39.222	0.965

可见，并联电容前后流过灯管的电流没有发生任何变化，即负载有功功率没有发生变化。而并联电容后随着电路功率因数的提高，输电线路中的总电流越来越小，线路损耗 I^2R 随之下降，起到了节能的效果。

由上表结果还可得出，当功率因数 $\cos\varphi$ 增大到一定程度后，继续增大电容 C，则 $\cos\varphi$ 反而降低，而 I 增大，此时电路已经成为容性负载。

6. 实验室操作实验内容

1）日光灯接线与测量

按图 2-6-4 接线，经指导教师检查后接通实验台电源。调节自耦调压器的输出，使其输出电压缓慢增大，直到日光灯刚启辉点亮为止，记下实验相关数据。然后将电压调至 220V，测量功率 P、电流 I、电压 U、U_L 和 U_A 等值，验证电压电流相量关系，相关数据填入表 2-6-3 中。

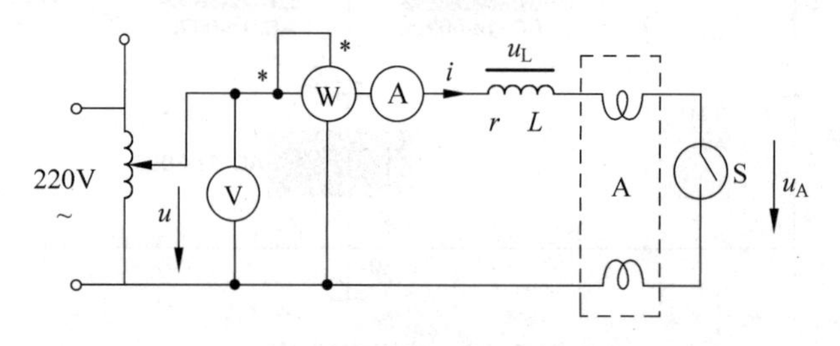

图 2-6-4 日光灯电路接线图

表 2-6-3 实验数据一

	测量值						计算值
	P(W)	$\cos\varphi$	I(A)	U(V)	U_L(V)	U_A(V)	$\cos'\varphi$
启辉值							
正常工作值							

2）电路功率因数的改善

按图 2-6-5 组成实验线路，经指导教师检查后通电。将自耦调压器的输出调至 220V，记录各表读数并填入表 2-6-4 中。

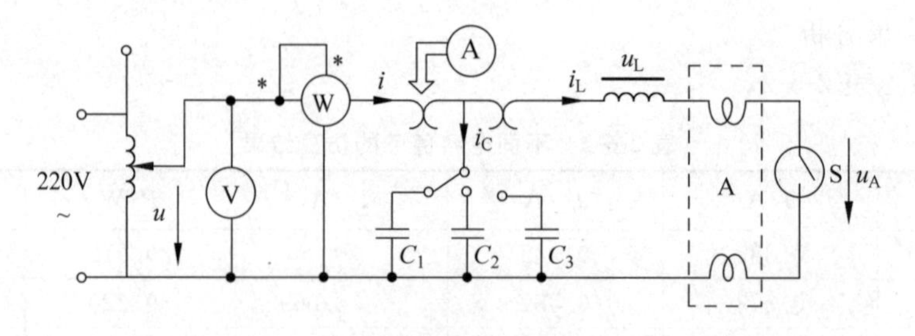

图 2-6-5 并联电容提高电路功率因数

改变电容值，重复测量。

表 2-6-4　实验数据二

电容值	测　量　值						计　算　值	
	P(W)	$\cos\varphi$	U(V)	I(A)	I_L(A)	I_C(A)	I'(A)	$\cos'\varphi$
1μF								
2.2μF								
4.7μF								

7. 注意事项

(1) 本实验使用交流市电 220V,务必注意用电和人身安全。

(2) 功率表要正确接入电路:电压线圈并联在电路中,电流线圈串联在电路中,电流线圈与电压线圈的“*”端须接在一起。

(3) 电路接线正确,日光灯却不能启辉时,应检查启辉器及其接触是否良好。

(4) 实验中如需换接电路或出现故障时,均应将电源电压调至零后关闭电源,严禁带电操作。

8. 常见故障及解决方法

故障现象:接线完毕检查无误后,缓慢增大电源电压至启辉电压(170～200V),日光灯不能正常启辉。

解决办法:

(1) 用万用表测量启辉器两端电压值。若该电压值等于电源电压,则说明启辉器接触不良,旋转启辉器使日光灯点亮,必要时更换启辉器。

(2) 启辉器端电压为零或者远小于电源电压时,检查电源电压正常与否。若电源电压正常,说明电路中某处断路,可用万用表依次测量各元件甚至导线,找到断路元件,更换其保险丝或者导线。

9. 思考题

(1) 为什么要用并联电容的方法提高功率因数,串联电容是否可行?

(2) 感性负载并联电容后,增加了一条支路电流,试问电路的总电流是增大还是减小,此时感性元件上的电流和功率是否改变?

2.7 三相交流电路

1. 实验目的

(1) 掌握三相电路中三相负载的联接方法,分别验证负载在星形联接和三角形联接两种接法下的线电压与负载相电压、线电流与相电流之间的关系。

(2) 充分理解三相四线供电系统中中线的作用。

2. 实验原理

三相负载有星形(Y)联接和三角形(△)联接两种连接方式。

(1) 当三相对称负载作Y形联接时,具有关系式

$$U_L=\sqrt{3}U_P \quad I_L=I_P$$

在这种情况下,流过中线的电流 $I_0=0$,可省去中线。

当三相对称负载作△联接时,有

$$U_L = U_P \quad I_L = \sqrt{3} I_P$$

式中，U_L、U_P 为线电压和相电压，I_L、I_P 为线电流和相电流。

(2) 对于Y形联接有中线(即Y_0 接法)的负载，负载的不对称不会影响负载端三相电压的对称，各相负载仍能正常工作。

对于Y形联接无中线的负载，负载不对称会导致三相负载电压不对称，造成各相负载不能正常工作，甚至损坏。

不对称负载作△联接时，只要电源的线电压对称，加在三相负载上的电压仍是对称的，各相负载仍能正常工作。

3. 预习要求

(1) 复习三相电路的理论知识，了解三相四线制和三相三线制系统的不同，了解三相四线制系统中中线的作用。

(2) 掌握负载对称时三相电路中线电压与相电压、线电流与相电流之间的关系。

(3) 根据本次实验的任务要求和实验室提供的电源及仪器设备，分别画出负载星形联接和三角形联接的电路图。

(4) 正确选取各测量仪表的量程。

4. 实验设备与器件

本次实验所需设备和器件如表 2-7-1 所示。

表 2-7-1 实验设备与器件

序号	名　称	型号与规格	数量
1	可调三相交流电源	0～450V	1
2	交流电压表		1
3	交流电流表		1
4	三相灯组负载	15W/220V 白炽灯	9
5	电流插座		4
6	安装 NI Multisim 10 的计算机		1

5. 计算机仿真实验内容

1) 测量三相电源的线电压和相电压

建立仿真电路如图 2-7-1 所示。

本例设置电源相电压 220V，仿真结果如图 2-7-1 所示。

2) 负载星形联接时的电压、电流测量值

仿真电路如图 2-7-2 所示，仿真结果记入表 2-7-2 和表 2-7-3 中。

表 2-7-2 三相负载星形联接仿真结果(有中线)

开灯盏数＼测量结果			相电压(V)			线电流与中性线电流(A)			
			U_A	U_B	U_C	I_A	I_B	I_C	I_N
3	3	3	219.943	219.963	219.971	0.205	0.205	0.205	0.052(mA)
1	2	3	219.933	219.939	219.950	0.068	0.136	0.205	0.118
1	断	3	219.932	219.937	219.950	0.068	0	0.205	0.180

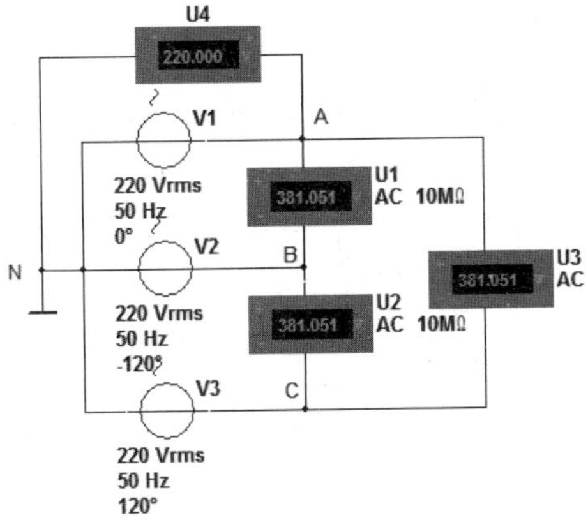

图 2-7-1　三相电源星形联接时线电压和相电压的测量电路

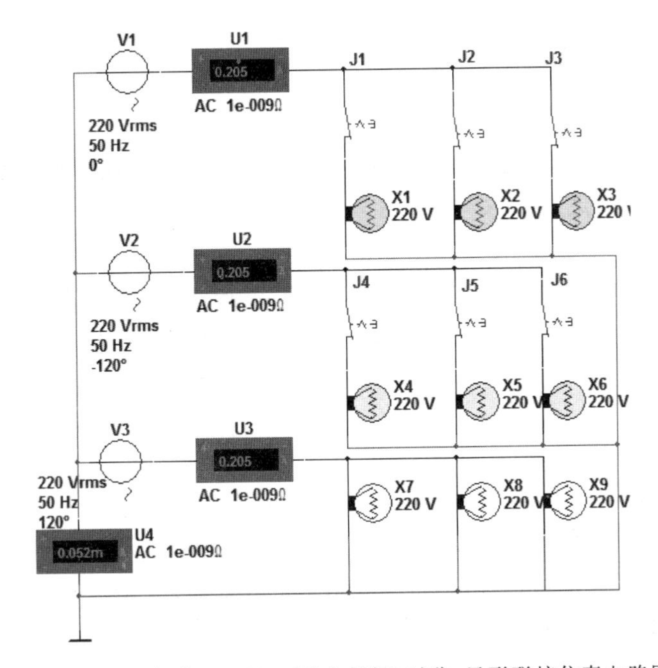

图 2-7-2　三相负载(220V、15W 白炽灯)对称,星形联接仿真电路图

表 2-7-3　三相负载星形联接仿真结果(无中线)

开灯盏数 \ 测量结果			相电压(V)			线电流(A)		
			U_A	U_B	U_C	I_A	I_B	I_C
3	3	3	219.932	219.965	219.938	0.205	0.205	0.205
1	2	3	332.088	228.555	152.380	0.042mA(烧坏)	0.142	0.142
2	断	3	228.587	332.126	152.409	0.142	0.042mA	0.142

3）建立负载采用三角形联接时的仿真电路图,分别测量负载对称和不对称时的线电流和相电流,参数和表格自拟。

6. 实验室操作实验内容

1）三相负载星形联接

实验前先将三相调压器的旋钮置于输出为0V的位置。按图2-7-3接线，经指导老师检查合格后，方可开启实验电源。

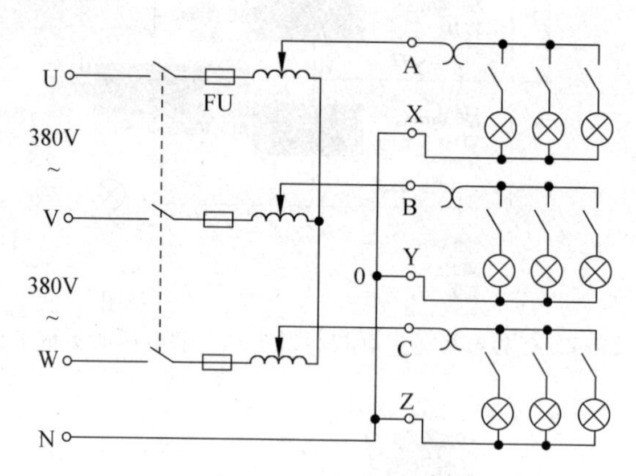

图2-7-3　三相负载星形联接电路图

缓慢调节调压器的输出，使输出的三相线电压为380V，然后按照数据表2-7-4所要求的内容进行测量并记录之。

表2-7-4　三相负载星形联接实验结果（有中线）

负载情况 \ 测量结果			相电压(V)			线电压(V)			线电流和中线电流(A)				中点电压(V)
			U_A	U_B	U_C	U_{AB}	U_{BC}	U_{CA}	I_A	I_B	I_C	I_N	U_{N0}
3	3	3											
1	2	3											
1	断	3											

注：负载情况从左到右依次为A相、B相和C相负载的开灯盏数。

去掉中线，重复上述测量过程，并将实验结果记入表2-7-5中。实验过程中注意观察各相灯组亮暗的变化程度，特别要注意观察中线的作用。

表2-7-5　三相负载星形联接实验结果（无中线）

负载情况 \ 测量结果			相电压(V)			线电压(V)			线电流和中线电流(A)			中点电压(V)
			U_A	U_B	U_C	U_{AB}	U_{BC}	U_{CA}	I_A	I_B	I_C	U_{N0}
3	3	3										
1	2	3										
1	断	3										
1	短	3										

注：负载情况从左到右依次为A相、B相和C相负载的开灯盏数。

2）负载三角形联接

按图2-7-4改接线路，经指导教师检查合格后接通三相电源。调节调压器使其输出线电压为220V，然后按照数据表2-7-6要求的内容进行测试。

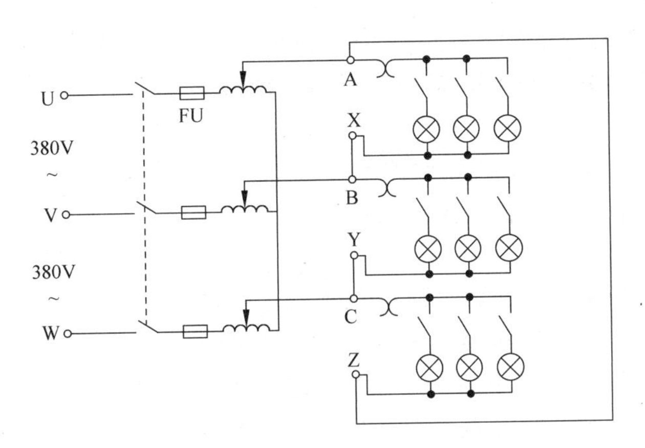

图 2-7-4　三相负载三角形联接电路图

表 2-7-6　负载三角形联接实验结果

测量结果 负载情况			相/线电压(V)			线电流(A)			相电流(A)		
			U_A	U_B	U_C	I_A	I_B	I_C	I_{AB}	I_{BC}	I_{CA}
3	3	3									
1	2	3									

注：负载情况从左到右依次为 A-B 相、B-C 相和 C-A 相负载的开灯盏数。

7. 注意事项

(1) 本实验采用三相交流市电，线电压为 380V，应穿绝缘鞋进实验室。实验时要注意人身安全，不可触及导电部件，防止意外事故发生。

(2) 必须严格遵守先断电、再接线、后通电；先断电、后拆线的实验操作原则。

(3) 星形负载作短路实验时，必须首先断开中线以免发生短路事故。

8. 常见故障及解决方法

故障现象：电源正常，灯泡不亮，电流表测量得电流值为零。

解决办法：

(1) 电流插头没插紧，需用力插入底端。若仍不能解决，可考虑更换电流插头。

(2) 若证明电流插头完好且负载仍不能正常工作，可考虑导线有断线。分别依次测量电源电压、负载两端电压、各段导线电压。若测得某段导线两端电压等于电源电压，则该导线断线，更换即可。

9. 思考题

(1) 在三相四线制系统中，如果其中一相出现短路或断路，系统将会发生什么现象？是否会影响其他两相正常工作？

(2) 中性线的作用如何？总结三相四线制供电线路的注意事项。

(3) 不对称负载在三角形联接的时候能否正常工作？实验是否能证明这一点？

2.8　三相异步电动机的正反转控制

1. 实验目的

(1) 通过对三相异步电动机正反转控制线路的安装接线，掌握由电气原理图接成实际操作电路的方法。

(2) 加深对电气控制系统各种保护、自锁和互锁等环节的理解。

(3) 学会分析、排除继电接触控制线路故障的方法。

2. 实验原理

在三相异步电动机正反转控制线路中，通过相序的更换来改变电动机的旋转方向。这一目的可由两只接触器实现。

在图 2-8-1 中，当正转接触器 KM_1 工作，其主触点闭合时，电动机正转；当反转接触器 KM_2 工作，其主触点闭合时，电动机反转。但图中两个接触器不能同时工作，否则会导致电源短路。避免两个接触器同时工作的措施是在控制电路中加联锁保护。

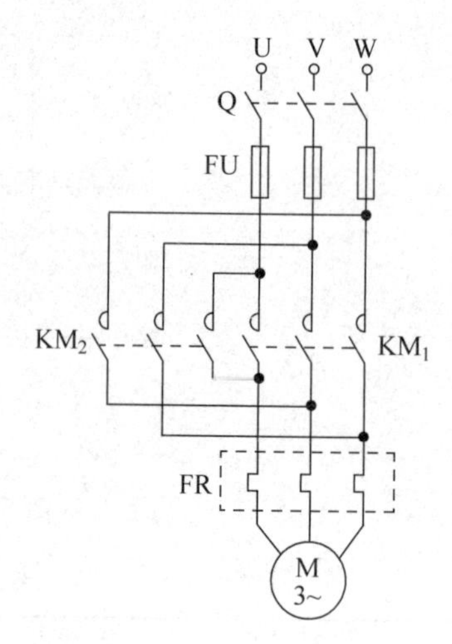

图 2-8-1 三相电动机正反转控制线路原理图

本实验给出两种不同的正反转控制线路分别如图 2-8-2 和图 2-8-3 所示，具有如下特点：

(1) 电气互锁。

为了避免接触器 KM_1（正转）、KM_2（反转）同时得电吸合造成三相电源短路，在 KM_1（KM_2）线圈支路中串接有 KM_2（KM_1）常闭触头，它们保证了线路工作时 KM_1、KM_2 不会同时得电（如图 2-8-2 所示），以达到电气互锁的目的。

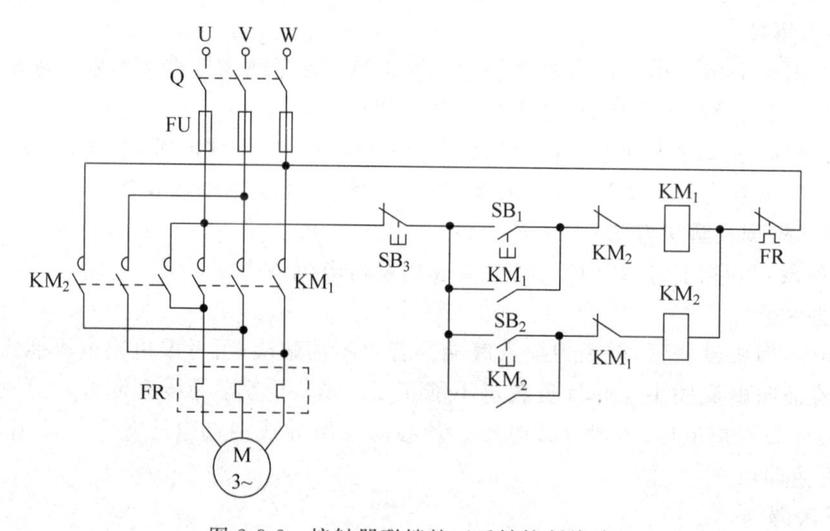

图 2-8-2 接触器联锁的正反转控制线路

(2) 电气和机械双重互锁。

除电气互锁外，可再采用复合按钮 SB_1 与 SB_2 组成的机械互锁环节（如图 2-8-3 所示），以求线路工作更加可靠。

(3) 线路具有短路、过载、失电压和欠电压保护等功能。

3. 预习要求

复习三相鼠笼式异步电动机正反转控制电路的工作原理，并进一步理解互锁、短路保护、过载保护和零电压保护的概念。

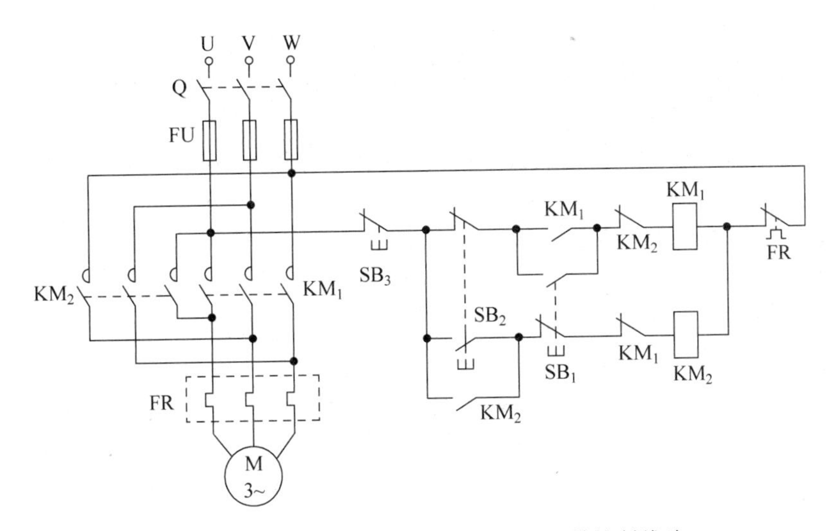

图 2-8-3 接触器和按钮双重联锁的正反转控制线路

4. 实验设备与器件

本次实验所需设备和器件如表 2-8-1 所示。

表 2-8-1 实验设备和器件

序号	名　　称	型号与规格	数量
1	可调三相交流电源	0～450V	1
2	三相异步电动机		1
3	交流接触器		2
4	按钮		3
5	万用表		1

5. 实验室操作实验内容

认识各电器的结构、图形符号和接线方法，抄录电动机及各电器铭牌数据，并用万用表电阻挡检查各电器线圈、触头是否完好。

三相鼠笼异步电动机接成△接法；实验线路电源端接三相自耦调压器输出端 U、V、W，供电线电压为 220V。

1）接触器联锁的正反转控制线路

按图 2-8-2 接线，经指导教师检查后，方可进行通电操作。

（1）开启控制屏电源总开关，按启动按钮，调节调压器输出，使输出线电压为 220V。

（2）按正向启动按钮 SB_1，观察并记录电动机的转向和接触器的运行情况。

（3）按反向启动按钮 SB_2，观察并记录电动机的转向和接触器的运行情况。

（4）按停止按钮 SB_3，观察并记录电动机的转向和接触器的运行情况。

（5）再按 SB_2，观察并记录电动机的转向和接触器的运行情况。

（6）实验完毕，按控制屏停止按钮，切断三相交流电源。

2）接触器和按钮双重联锁的正反转控制线路

按图 2-8-3 接线，经指导教师检查后，方可进行通电操作。

(1) 按控制屏启动按钮，接通 220V 三相交流电源。

(2) 按正向启动按钮 SB_1，电动机正向启动，观察电动机的转向和接触器的动作情况。按停止按钮 SB_3，使电动机停转。

(3) 按反向启动按钮 SB_2，电动机反向启动，观察电动机的转向和接触器的动作情况。按停止按钮 SB_3，使电动机停转。

(4) 按正向(或反向)启动按钮，电动机启动后，再去按反向(或正向)启动按钮，观察有什么情况发生？

(5) 电动机停稳后，同时按正、反两只启动按钮，观察有何情况发生？

(6) 进行失压与欠压保护实验。

① 按启动按钮 SB_1(或 SB_2)电动机启动后，按控制屏停止按钮，断开实验线路三相电源，模拟电动机失压(或零压)状态，观察电动机与接触器的动作情况。随后，按控制屏上启动按钮，接通三相电源，但不按 SB_1(或 SB_2)，观察电动机能否自行起动？

② 重新起动电动机后，逐渐减小三相自耦调压器的输出电压，直至接触器释放，观察电动机是否自行停转。

(7) 进行过载保护实验。

打开热继电器的后盖，当电动机起动后，人为拨动双金属片模拟电动机过载情况，观察电机、电器动作情况。

注意：此项内容较难操作且危险，可由指导教师示范操作。

实验完毕，将自耦调压器调回零位，按下控制屏停止按钮，切断实验线路电源。

6. 注意事项

(1) 本实验采用三相交流市电，线电压为 380V，应穿绝缘鞋进实验室。实验时要注意人身安全，不可触及导电部件，防止意外事故发生。

(2) 必须严格遵守先断电、再接线、后通电；先断电、后拆线的实验操作原则。

7. 常见故障及解决方法

(1) 接通电源后，按启动按钮(SB_1 或 SB_2)，接触器吸合，但电动机不转且发出“嗡嗡”声响；或者电动机虽能起动但转速很慢。这种故障来自主回路，大多是一相断线或电源缺相。

(2) 接通电源后，按启动按钮(SB_1 或 SB_2)，若接触器通断频繁，且发出连续的“噼啪”声或吸合不牢，发出颤动声。此类故障原因可能是：

① 线路接错，将接触器线圈与自身的动断触头串在了一条回路上；

② 自锁触头接触不良，时通时断；

③ 接触器铁芯上的短路环脱落或断裂；

④ 电源电压过低或与接触器线圈电压等级不匹配。

8. 思考题

(1) 在电动机正反转控制线路中，为什么必须保证两个接触器不能同时工作？采用哪些措施可解决此问题，这些方法有何利弊，最佳方案是什么？

(2) 在控制线路中，短路、过载、失电压和欠电压保护等功能是如何实现的？在实际运行过程中，这几种保护有何意义？

第 3 章 模拟电子技术实验

CHAPTER 3

3.1 双极型分压式偏置放大电路

1. 实验目的

（1）进一步熟悉数字万用表、函数信号发生器和模拟示波器的使用。

（2）掌握放大器静态工作点的调试方法，分析静态工作点对输出波形失真的影响。

（3）掌握放大器电压放大倍数、输入电阻、输出电阻、最大不失真输出电压（动态范围）及通频带的测量方法。

（4）掌握运用 NI Multisim 10 软件对单管放大电路进行仿真和分析的方法。

2. 实验原理

共发射极单管放大电路是放大电路的基础，也是模拟电子电路中最基本的单元电路，又称反相放大电路，其特点为电压增益大，输出电压与输入电压反相，适用于多级放大电路的中间级。电压放大倍数、输入电阻、输出电阻及通频带是分析放大电路的重要性能指标。

分压式偏置放大电路（也叫射极偏置电路）的原理如图 3-1-1 所示，滑动变阻器 R_{W1} 可用于调节静态工作点。为避免射极偏置电阻对放大倍数降低过大，R_{E1} 两端接有旁路电容，使得 R_{E1} 在直流情况下起到稳定静态工作点的作用，而在交流情况下不影响电路的动态性能指标。

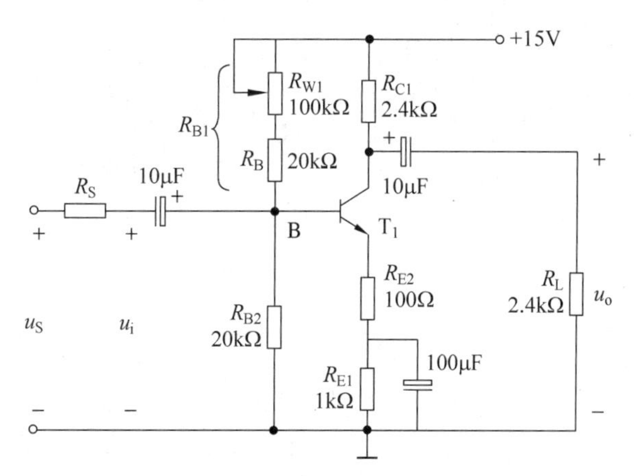

图 3-1-1　分压式偏置放大电路

1）静态工作点的计算

放大器要实现正常的放大作用，必须要有合适的静态工作点，在输入信号为零时，分压式偏置电路的直流通路如图 3-1-2 所示。

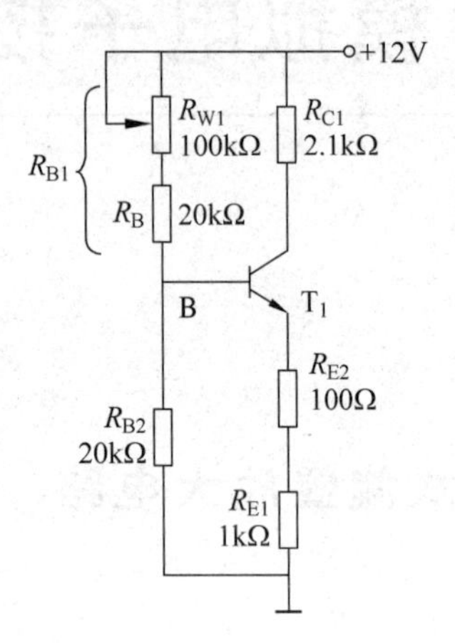

图 3-1-2 分压式偏置放大电路的直流通路

由图 3-1-2 可计算三极管的电流及管压降如下：

$$U_{BQ}=\frac{R_{B2}}{R_{B1}+R_{B2}}U_{CC} \tag{3-1-1}$$

$$I_{CQ}\approx I_{EQ}=\frac{U_B-0.7}{R_{E1}+R_{E2}}\approx\frac{U_B}{R_{E1}+R_{E2}} \tag{3-1-2}$$

$$I_{BQ}=\frac{I_{CQ}}{\beta} \tag{3-1-3}$$

$$U_{CEQ}\approx U_{CC}-I_{CQ}(R_{C1}+R_{E1}+R_{E2}) \tag{3-1-4}$$

2）动态性能的分析计算

在交流情况下，电阻 R_{E1} 被电容短路，发射极电阻只有 R_{E2} 起作用，分压式偏置电路的交流通路和对应的小信号等效电路分别如图 3-1-3 和图 3-1-4 所示。

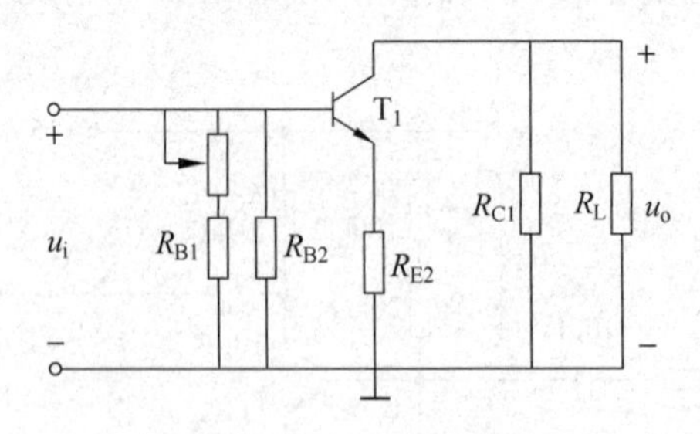

图 3-1-3 交流通路

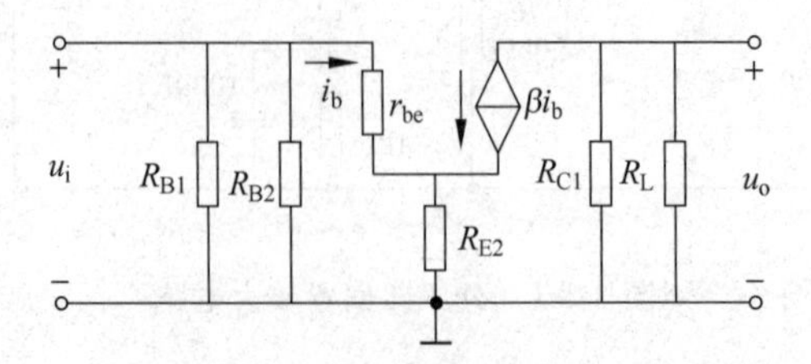

图 3-1-4 小信号等效电路

电路主要性能指标可计算如下：

$$A_u = \frac{\dot{U}_o}{\dot{U}_i} = \frac{-\beta R'_L}{r_{be} + (1+\beta)R_{E2}} \tag{3-1-5}$$

$$r_i = R_{B1} \mathbin{/\!/} R_{B2} \mathbin{/\!/} [r_{be} + (1+\beta)R_{E2}] \tag{3-1-6}$$

$$r_{be} \approx 200 + (1+\beta)\frac{26\text{mV}}{I_{EQ}(\text{mA})} \tag{3-1-7}$$

$$r_o \approx R_{C1} \tag{3-1-8}$$

3）放大器静态工作点的测量与调试

（1）静态工作点的测量

测量放大器的静态工作点，应在输入信号 $u_i=0$ 的情况下进行（即将放大器输入端与地端进行短接）。

① U_{BEQ}、U_{CEQ}的测量

为减小测量误差，可选用输入电阻高的数字万用表或示波器进行测量。

② I_{CQ}的测量

- 直接测量：将数字万用表电流档串接在集电极电路中直接测量。
- 间接测量：测出集电极负载电阻 R_{C1} 两端的电压 U_{R_C}，根据公式 $I_{CQ}=U_{R_C}/R_{C1}$ 算出 I_{CQ}的数值。

直接测量误差小，如果是焊接好的电路，一般采用间接法测量，不需要断开电路。

（2）静态工作点的调试

静态工作点的调试是指对集电极电流 I_{CQ}、管压降 U_{CEQ}的调整与测试。

静态工作点是否合适对放大器的性能和输出波形都有很大影响。除非要得到最大不失真输出，否则 Q 点的选择往往可以采取比较灵活的原则，如当信号幅度不大时，为了降低直流电源 V_{CC} 能量消耗，在不产生失真和保证一定的电压增益的前提下，常可以把 Q 点选得低一些。但 Q 点选择过低，将导致截止失真，即 u_o 的正半周被削顶（一般截止失真不如饱和失真明显），如图 3-1-5(a)所示；反之，若 Q 点选择过高，又将引起饱和失真，此时 u_o 的负半周将被削底，如图 3-1-5(b)所示。这些情况都不符合无失真放大的要求。一般而言，Q 点选在交流负载线的中点，此时可以获得最大的不失真输出，亦可得到最大的动态范围。所以在选定工作点以后还必须进行动态调试，即在放大器的输入端加入一定的输入电压 u_i，检查输出电压 u_o 的大小和波形是否满足要求。如出现失真，则应调节静态工作点的位置。

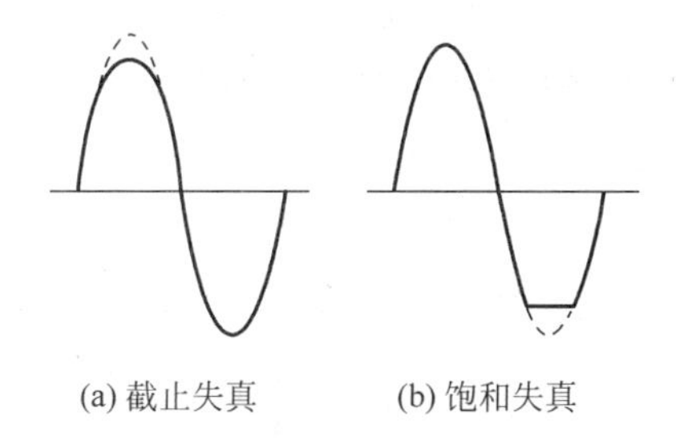

图 3-1-5　静态工作点对输出波形失真的影响

改变直流电源电压、集电极偏置电阻和基极偏置电阻都会引起静态工作点的变化，如图 3-1-6 所示。但通常多采用调节基极偏置电阻的方法来改变静态工作点，如减小基极偏

置电阻 R_{W1}，则可使静态工作点提高。

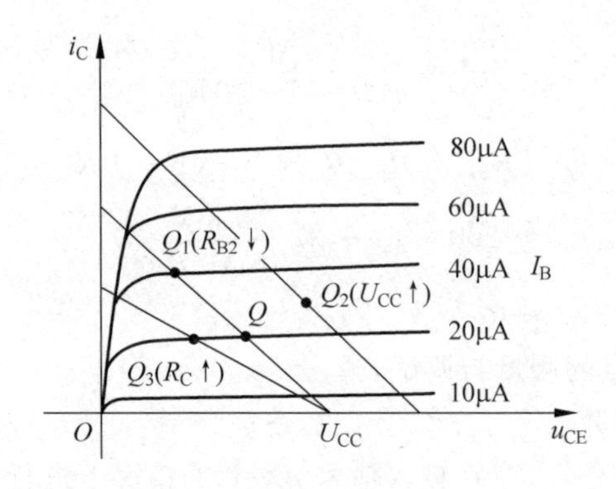

图 3-1-6　电路参数对静态工作点的影响

需要说明的是，上面所说的工作点"偏高"或"偏低"不是绝对的，而是相对信号的幅度而言。如果输入信号幅度很小，即使工作点较高或较低也不一定会出现失真；静态工作点设置合理，如果输入信号幅度过大，也会造成输出信号失真。所以，产生波形失真是信号幅度与静态工作点设置不匹配所致。如需满足较大信号幅度的要求，静态工作点最好靠近交流负载线的中点，调整静态工作点，增大 u_i，输出波形上下同时出现失真，就说明静态工作点已经在交流负载线的中点，此时放大电路的动态范围最大。

4）动态性能的测量

在测量电压、电流、阻抗、增益和频率响应特性等参数时必须保证输出信号不失真，只有在输出信号不失真的情况下，测量数据才是有意义的。

(1) 电压放大倍数的测量

根据电压放大倍数定义 $A_u=\dot{U}_o/\dot{U}_i$，在保证输出信号不失真的情况下，用示波器测量输入电压和输出电压大小，即可得到电压放大倍数。

注意：为了保证输出信号不失真，输入信号 u_i 的频率应该在放大电路的中频段内，且幅度也不宜过大。

(2) 输入电阻 r_i 的测量

① 串联电阻法

串联电阻法的原理如图 3-1-7 所示。U_s 为信号发生器的输出，R 为在被测放大器的输入端与信号源之间串入的已知电阻，测量前应该估算出被测放大器的输入电阻 r_i 值的大小，按 $R=(1.2\sim1.5)r_i$ 的原则选取 R，这样可以减小测量误差。放大器正常工作的情况

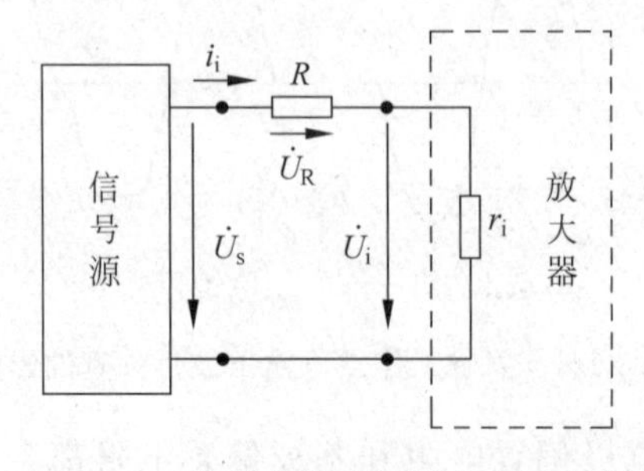

图 3-1-7　串联电阻法测输入电阻电路

下，用数字示波器测出 U_s（有效值）和 U_i（有效值），则根据输入电阻的定义可得

$$r_i = \frac{\dot{U}_i}{\dot{I}_i} = \frac{\dot{U}_i}{\dot{U}_R / R} = \frac{U_i}{U_s - U_i} R \tag{3-1-9}$$

测量时应注意下列几点：

由于电阻 R 两端没有电路公共接地点，所以测量 R 两端电压 U_R 时必须分别测出 U_s 和 U_i，然后按 $U_R = U_s - U_i$ 求出 U_R 值。

电阻 R 的值不宜取得过大或过小，以免产生较大的测量误差，通常取 R 与 r_i 大小相近为好。

② 半电压法

半电压法的原理如图 3-1-8 所示。按 $R_W = (1.2 \sim 1.5) r_i$ 取值，测量时，先令电位器 R_W 阻值为零，这时在放大电路正常工作的情况下，$U_s = U_i$，输入信号 U_s 的幅度和频率不变的前提下，调整电位器使 $U_i = U_s / 2$，这时 R_W 阻值与 r_i 相等。测量 R_W 阻值就可以得到输入电阻 r_i 的大小了。

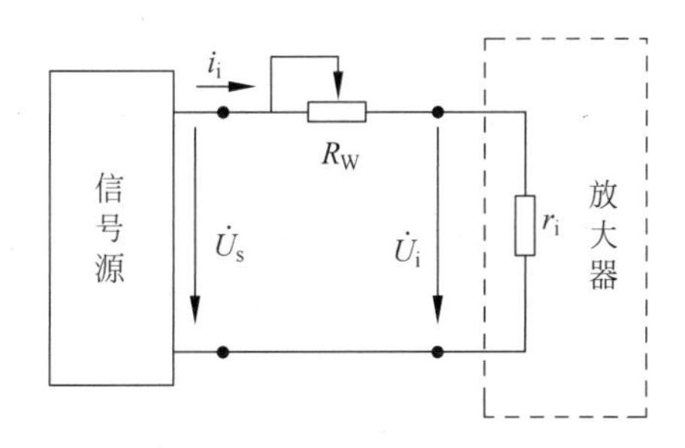

图 3-1-8 半电压法测输入电阻电路

注意：要在断电的情况下测量 R_W 的电阻值，以免损坏仪表；要与被测电路断开测量，以免被测电路的电阻接入，造成测量数据错误。

(3) 输出电阻 r_o 的测量

① 开路电压法

开路电压法测输出电阻 r_o 的电路如图 3-1-9 所示，在放大器正常工作条件下，输出端不接负载 R_L 时的输出电压 U_∞ 为开路电压；接入负载后的输出电压为 U_o，由公式(3-1-10)整理可得公式(3-1-11)。

$$U_o = \frac{R_L}{R_o + R_L} U_\infty \tag{3-1-10}$$

$$r_o = \left(\frac{U_\infty}{U_o} - 1 \right) R_L \tag{3-1-11}$$

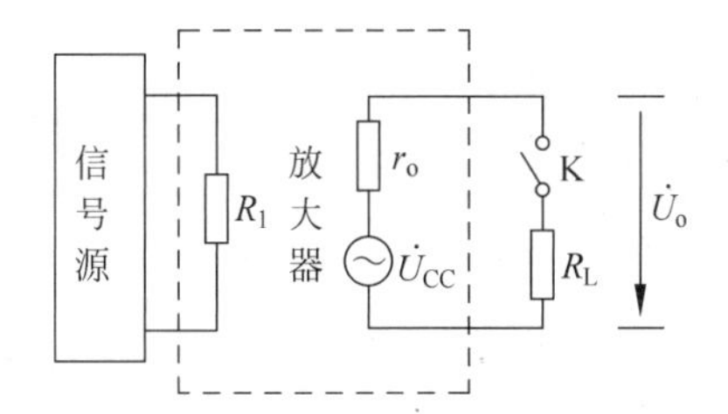

图 3-1-9 开路电压法测输出电阻电路

在测试中应注意，必须保持 R_L 接入前后输入信号的大小不变。

② 半电压法

半电压法测输出电阻 r_o 的电路如图 3-1-10 所示。测量前应估算 r_o，并按照 $R_W=(1.2\sim1.5)r_o$ 选取 R_W 值。测量时先断开开关 K，调节 U_s，用示波器测得开路电压 U_{∞}，保持 U_s 不变，再闭合开关 K，调节 R_W，并观测其电压 U_{R_W}，当 $U_{R_W}=U_{\infty}/2$ 时，这时 R_W 阻值与 r_o 相等。测量 R_W 阻值就可以得到输出电阻 r_o 的大小了。

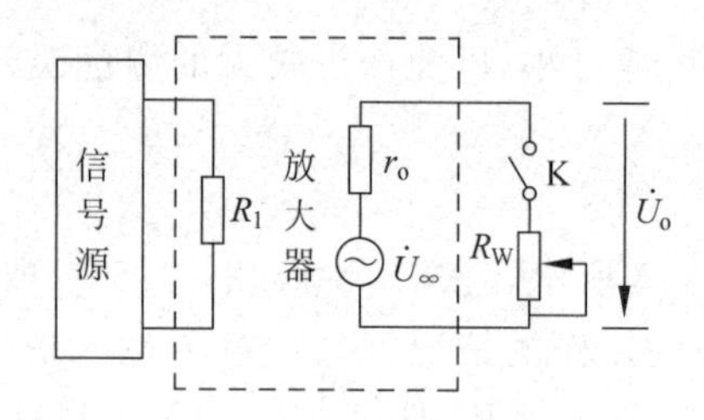

图 3-1-10 半电压法测输出电阻电路

(4) 幅频特性的测量

含有电抗元件的电路中，输出电压 $\dot{U}_o$ 随频率的变化而变化，即电压增益是频率的函数，表示为 $A_u(f)=|A_u(f)|\angle\varphi(f)$，其中 $A_u(f)$ 称为幅频特性；$\varphi(f)$ 称为相频特性。幅频特性曲线如图 3-1-11 所示，该曲线分中频区，即增益 $|A_u|$ 基本不变(与频率几乎无关)，其增益用 $|A_{um}|$ 表示；高频区，增益随频率的升高而下降；低频区，增益随频率的下降而下降。当电压增益下降至 $|A_{um}|/\sqrt{2}$ 时，对应的频率分别为上限截止频率 f_H 和下限截止频率 f_L，f_H 与 f_L 之间的频率称为通频带，它是放大电路频率特性的重要指标，反映了放大电路对于不同频率信号的放大能力，用 f_{bW} 表示，且有

$$f_{bW}=f_H-f_L \tag{3-1-12}$$

一般 $f_H \gg f_L$，所以有 $f_{bW}\approx f_H$。

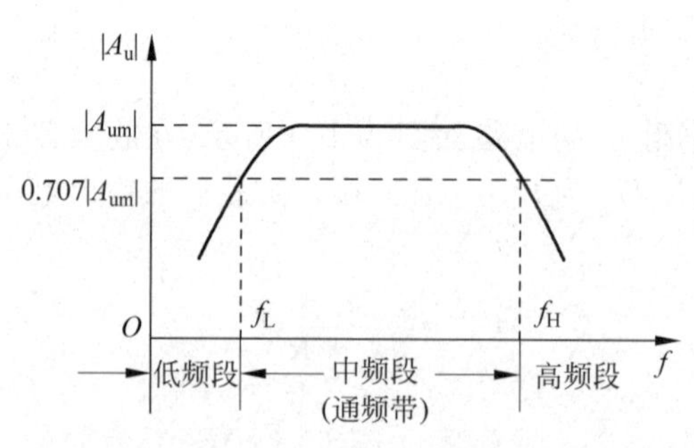

图 3-1-11 阻容耦合放大电路的幅频特性曲线

在实验中，测量幅频特性曲线的常用方法有逐点法和扫频法。这里只介绍逐点法。

逐点法测量时，保持输入信号的幅度不变，不断改变输入信号的频率，测量相应频率点的输出电压值，计算出电压放大倍数，将所测频率点的电压增益绘制成曲线，该曲线即为被测电路电压的幅频特性曲线，如图 3-1-11 所示。

测量幅频特性时应注意以下几点：

① 整个测量过程中应始终注意输入信号频率改变时，信号的幅度始终保持不变。如果

改变频率后输入信号幅度发生变化，必须调节信号发生器使输入信号的幅值维持不变。

② 要保证在输出信号波形没有失真的前提下测量输出电压值。

③ 测试点选取要合理。可先大体测量上、下限频率的数值，然后在其附近多选取一些测试点。

(5) 最大不失真输出动态范围的测量

要得到最大动态范围，放大器的静态工作点要调在交流负载线的中点。具体调测方法：先将放大器的静态工作点调在线性工作区，用示波器观察输入、输出波形，逐步增大输入信号幅度，同时，适当调整静态工作点，当观测到输出波形同时出现削顶和削底失真时，说明静态工作点已经调整到交流负载线的中点；然后减小输入信号的幅度，使输出信号最大且不失真时，用示波器测出最大输出电压的峰峰值，即最大动态范围，用 U_{opp} 表示。此处不失真是指用示波器定性地观察输出正弦波信号，没有明显的失真。

3. 预习要求

(1) 复习教材中有关单管放大电路的原理及内容，掌握不失真放大电路的调整方法。

(2) 按实验电路图 3-1-2 估算放大器的静态工作点(取 $\beta=100$)。

(3) 估算放大器的电压放大倍数 A_u，当输入电阻 r_i 和输出电阻 r_o。

(4) 在保证输出电压不失真的前提下，当输入电压 u_i 的大小变化时，电压放大倍数 A_u、输入电阻 r_i、输出电阻 r_o 以及通频带 f_{bW} 是否会受到影响？

(5) 熟悉所用仪器仪表的型号、规格、量程及使用方法。

(6) 拟定各项测试指标的操作步骤，设计实验数据记录表格。

(7) 运用 NI Multisim 10 软件进行计算机仿真实验内容。

4. 实验设备与器件

本次实验所需设备和器件如表 3-1-1 所示。

表 3-1-1　实验设备和器件

序号	仪器或器件名称	型号或规格	数量
1	数字系统设计实验箱	TH-SZ	1
2	函数信号发生器	SU3050DDS	1
3	示波器	VP-5565D	1
4	万用表	MY61	1
5	分压式偏置放大电路板	MG-1A	1
6	电阻	2.4kΩ,1.2kΩ	若干
7	安装 NI Multisim 10 的计算机		1

5. 计算机仿真实验内容

1) 测量放大电路的静态工作点

在 NI Multisim10 中按图 3-1-1 所示原理图放置元器件(本电路中电阻的误差为零)并连接成仿真电路，在电路的输入、输出端接入示波器、波特仪，如图 3-1-12 所示。

(1) 用直流工作点分析获取静态工作点

对图 3-1-12 分压式偏置电路进行直流工作点分析。执行主菜单 Simulate→Analysis→DC Operating Point 命令，出现直流工作点分析对话框如图 3-1-13 所示，把左边变量添加到

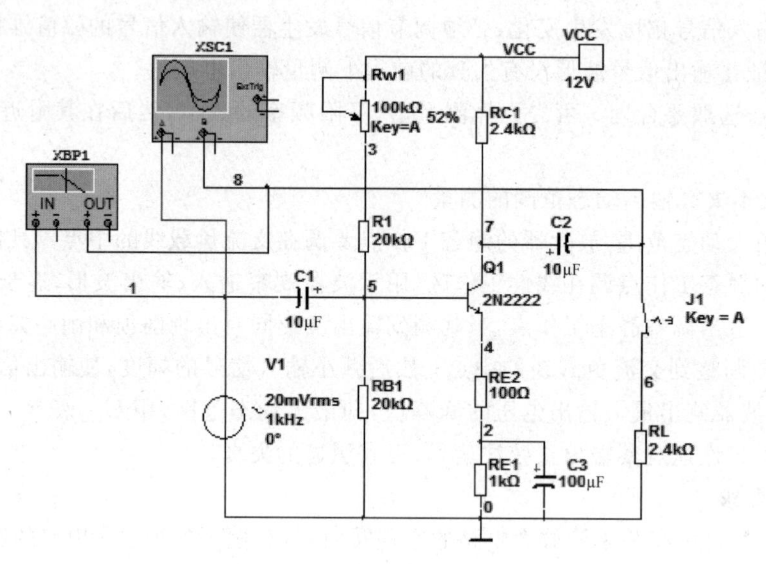

图 3-1-12 分压式偏置电路的仿真电路

右边窗口，如图 3-1-14 所示，单击对话框下方的 Simulate 按钮，得到如图 3-1-15 所示的直流工作点分析结果。

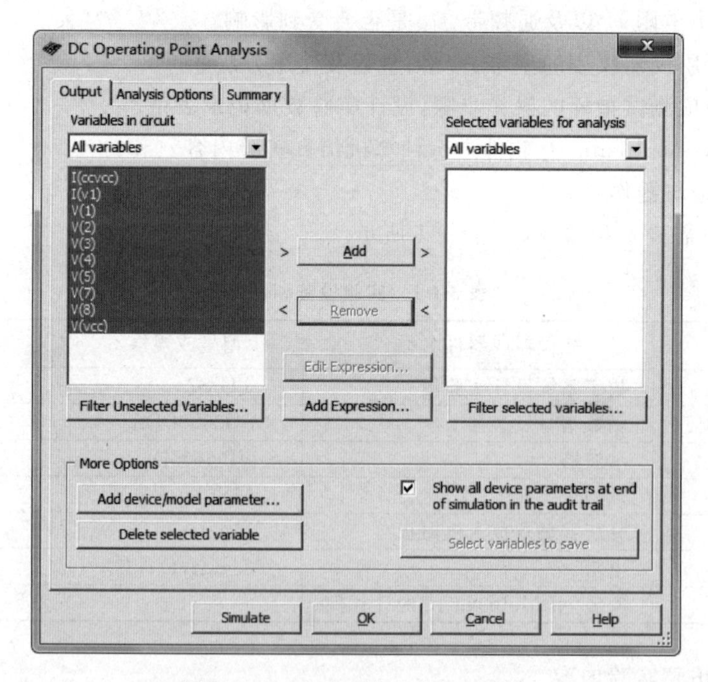

图 3-1-13 直流工作点分析对话框

(2) 用仪表测试静态工作点

测量放大器的静态工作点时，应在输入信号 $u_i=0$ 的情况下进行，故将图 3-1-12 中信号源去掉，把放大器输入端与地端进行短接，根据要测量的直流量调出电压表和电流表接入电路(注意表的正、负极的方向)，如图 3-1-16 所示，电流表的内阻采用的默认值，电压表的内阻更改为 10GΩ。调节 R_{W1} 使 I_C 分别为 1.500mA 和 2.000mA，测出的静态值填入表 3-1-2 中。

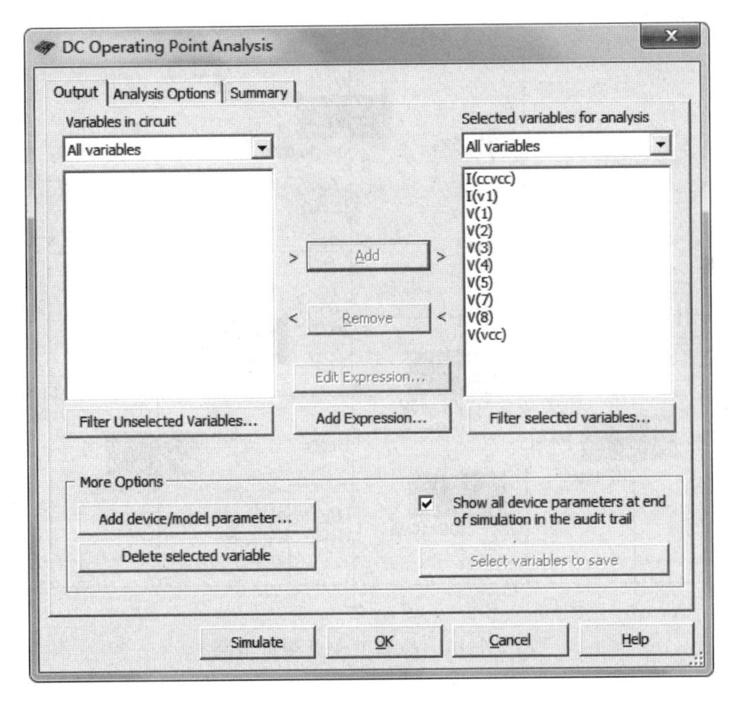

图 3-1-14　分析变量被添加到右边窗口

Grapher View

File　Edit　View　Tools

DC operating point

射极偏置电路

DC Operating Point

	DC Operating Point	
1	V(1)	0.00000
2	V(7)	9.58564
3	V(5)	3.13552
4	V(2)	2.26870
5	V(3)	6.52537
6	V(vcc)	15.00000
7	V(8)	0.00000
8	I(ccvcc)	-2.42547 m
9	V(4)	2.49557
10	I(v1)	0.00000

Selected Diagram:DC Operating Point

图 3-1-15　直流工作点分析结果

表 3-1-2　静态工作点仿真测量值

U_B/V	U_{BE}/V	U_E/V	I_C/mA	U_{CE}/V	U_C/V
			2.000		
			1.500		

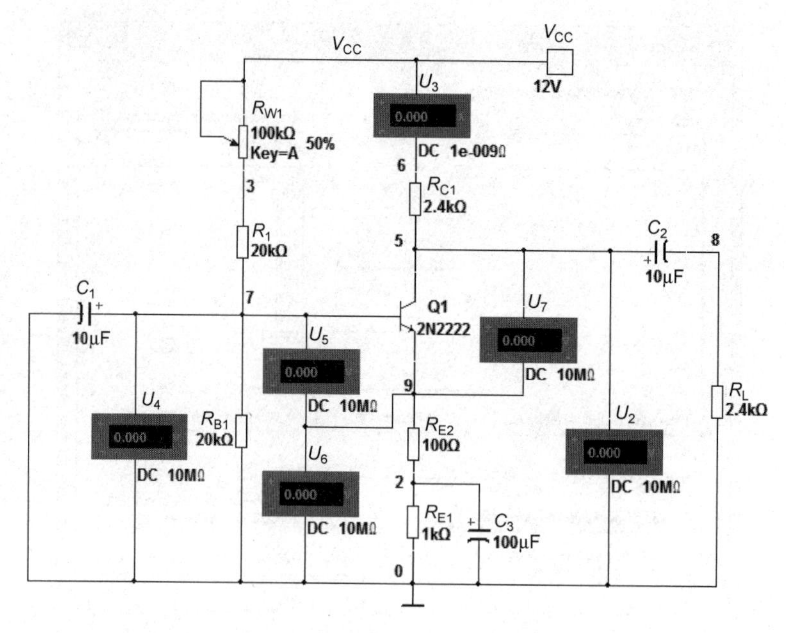

图 3-1-16　静态工作点测量电路

(3) 静态工作点对放大电路动态的影响

① 静态工作点高，三极管处于饱和区，增加输入信号幅度，放大电路出现饱和失真。如图 3-1-12 所示的仿真电路，当 R_{W1} 调到 5%时，对电路进行直流工作点分析可得 $U_{BE}=0.669V$，管压降为 $U_{CE}=0.110V$，三极管处于饱和区，示波器显示的输出波形出现底部失真，为饱和失真，如图 3-1-17(a)所示。

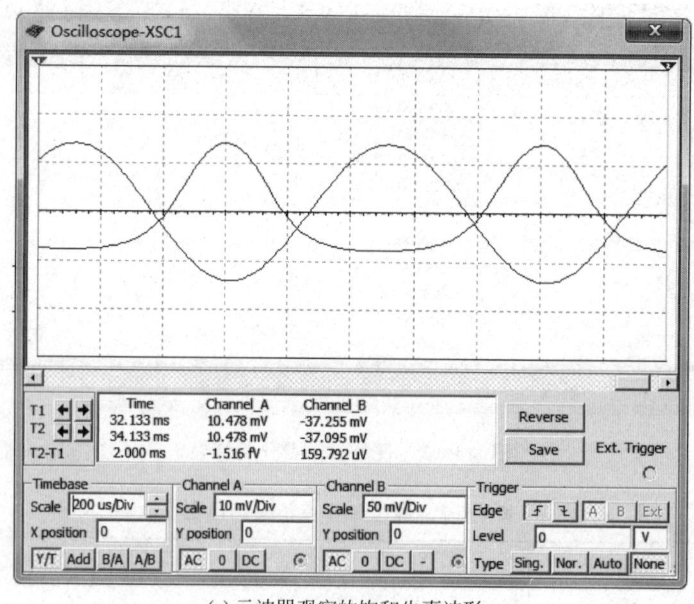

(a) 示波器观察的饱和失真波形

图 3-1-17　输出失真波形图

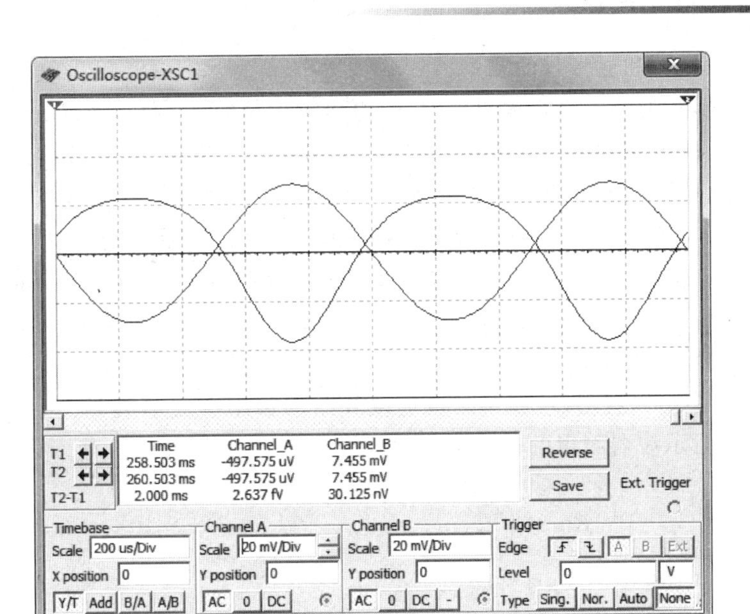

(b) 示波器观察的截止失真波形

图 3-1-17　(续)

② 静态工作点低，出现截止失真。图 3-1-12 所示仿真电路，当 R_{W1} 调到 100%时，用直流工作点分析可得 $U_{BE}=0.616V$；管压降为 $U_{CE}=8.788V$，三极管仍然处于放大区。为观察到截止失真，把电位器 R_{W1} 的数值由 100kΩ 改为 1MΩ，当 R_{W1} 调到 50%时，用直流工作点分析可得 $U_{CE}=11.998\approx12(V)=V_{CC}$，$I_E=0.796\mu A$，三极管处于截止状态。这时把输入信号有效值增加到 20mV，进行仿真，示波器显示的输出波形正半周顶部失真，为截止失真，如图 3-1-17(b)所示。

③ 当增大输入信号有效值 $U_i=280mV$ 时，输出波形正负半周同时出现失真的波形见图 3-1-18 所示。

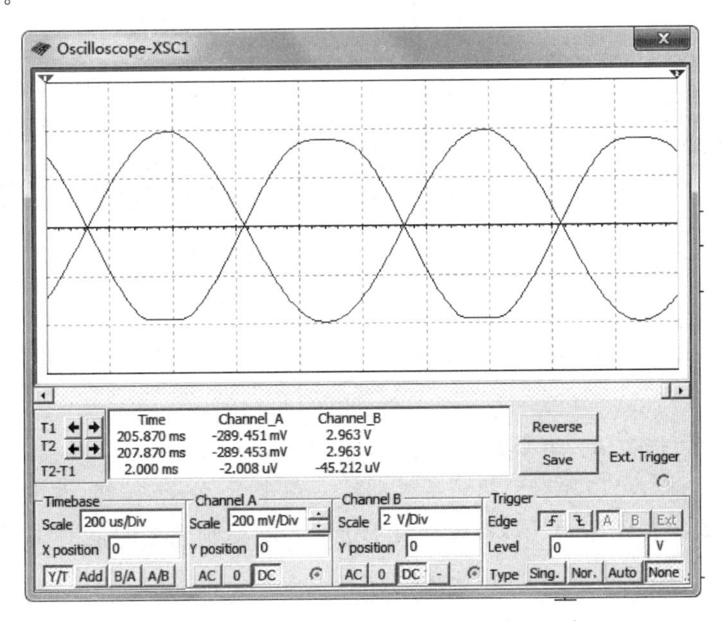

图 3-1-18　输入信号的幅度过大造成的失真

2) 电压放大倍数和通频带的测量

(1) 用示波器和波特仪测得输出电阻 r_o、电压放大倍数 A_u 和通频带 f_{bW}

在图 3-1-12 所示的射极偏置仿真电路中，有载(开关 J1 闭合)和负载开路(开关 J1 断开)的情况下，分别执行 Simulate→Run 或单击仿真按钮进行仿真。双击示波器图标，可以观察和测量输入、输出波形。单击 Reverse 按钮，可以改变示波器背景，使之变成白色，便于读数，如图 3-1-19 所示。调整示波器的时间和垂直偏转因数使波形便于观察和读数。

① 间接法测输出电阻 r_o

从图 3-1-19 中可以看出，示波器测得负载开路的输出电压幅值 $U_{\infty m}=292.461\text{mV}$，图 3-1-20 中为有载时示波器测得的输出电压的幅值，$U_{om}=149.023\text{mV}$，代入公式(3-1-11)，得

$$r_o=\left(\frac{\dot{U}_\infty}{\dot{U}_o}-1\right)R_L=\left(\frac{292.461\times10^{-3}}{149.023\times10^{-3}}-1\right)\times2.4\times10^3=2.3(\text{k}\Omega)$$

与理论分析 $r_o\approx R_C=2.4\text{k}\Omega$ 相符。

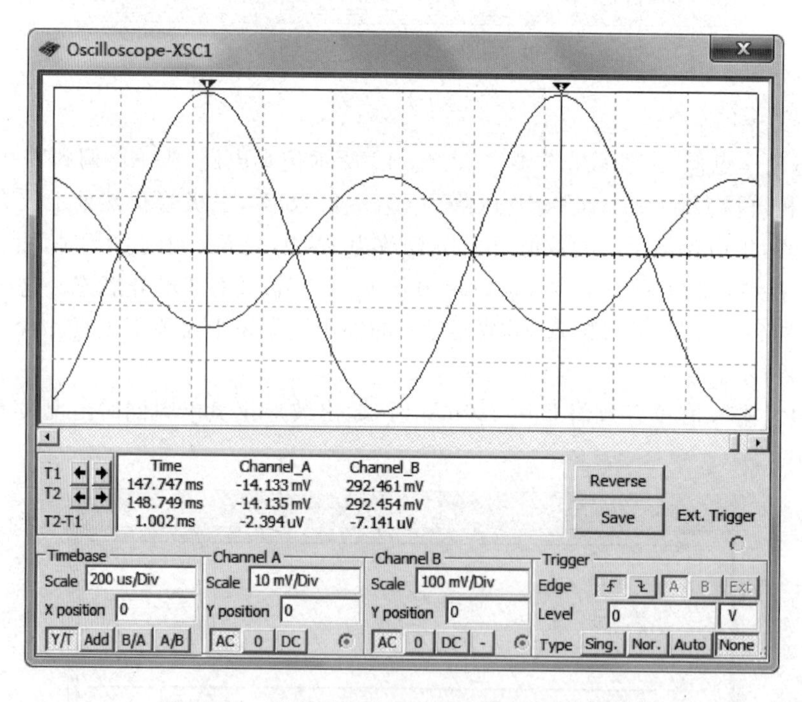

图 3-1-19 负载开路时双踪示波器观察到的波形

② 间接法测电压放大倍数 A_u

从图 3-1-20 中可以读出输入电压和输出电压的幅值，可得电压放大倍数

$$A_u=\dot{U}_{om}/\dot{U}_{im}=-149.032/14.136=-10.542$$

③ 测电压放大倍数 A_u、上限截止频率 f_H 和通频带 f_{bW}

双击波特仪图标，可以观察到幅频特性曲线。单击 Reverse 按钮，改变波特仪背景，使之变成白色，如图 3-1-21 所示。调整波特仪 Horizontal 横轴频率的范围和 Vertical 垂直方向电压增益的大小，使之便于观察和读数。

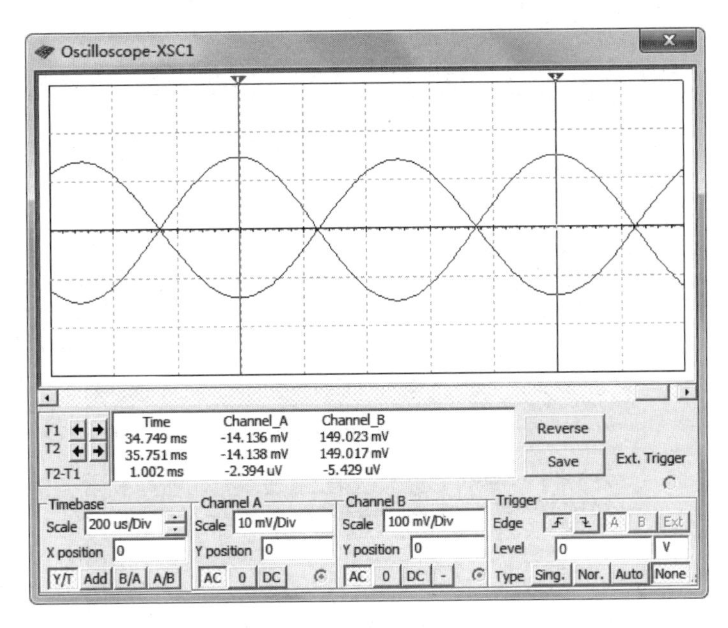

图 3-1-20　有载时的输入输出波形

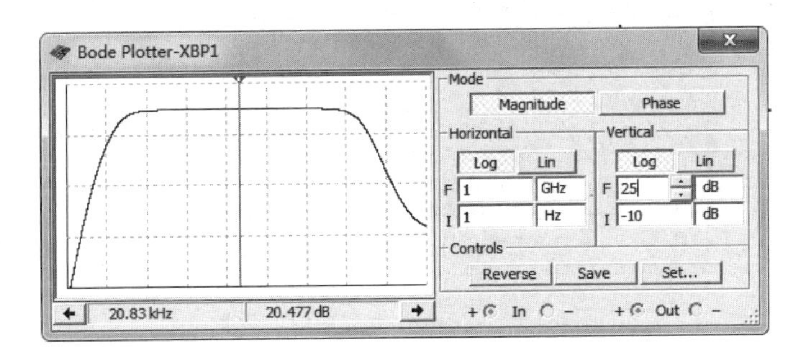

图 3-1-21　波特仪观察的幅频特性曲线

从图 3-1-21 可以看出中频时电压放大倍数为 20.477dB，与步骤②示波器间接测量得到的电压放大倍数 A_u，取对数后，即 $20\log|A_u|=20\log10.542=20.458\text{dB}$ 是吻合的。

在图 3-1-21 幅频特性曲线上向右移动游标得到，当中频电压放大倍数下降 3dB 时，即 17.337dB 所对应的频率 28.22MHz 为上限截止频率 f_H，如图 3-1-22 所示；同理，向左移动游标，也可以得到下限截止频率。该放大电路的通频带 $f_{bW}\approx f_H=28.22\text{MHz}$。

(2) 交流分析(AC Analysis)获取电压放大倍数 A_u 和通频带 f_{bW}

对图 3-1-12 分压式偏置电路的节点 7 做交流分析。执行主菜单中 Simulate→Analysis→AC Analysis 命令，出现交流分析对话框，如图 3-1-23 所示，在 Frequency Parameters(频率参数)选项卡中，设置 Sweep type(扫描类型)为 Decade(十进制)，Vertical scale(纵坐标刻度)为 Linear(线性)，其余参数默认即可。在 Output(输出)选项卡中，将输出变量 V(7)添加到对话框的左边窗口，如图 3-1-24 所示。

单击交流分析对话框下方的 Simulate 按钮，得到如图 3-1-25 所示的频率特性曲线(为了便于观察，单击图标 ◰ 可以把黑色界面转换为白色界面)。

可见，幅频特性具有带通性，低频段和高频段的放大倍数均低于中频段。单击图形显示

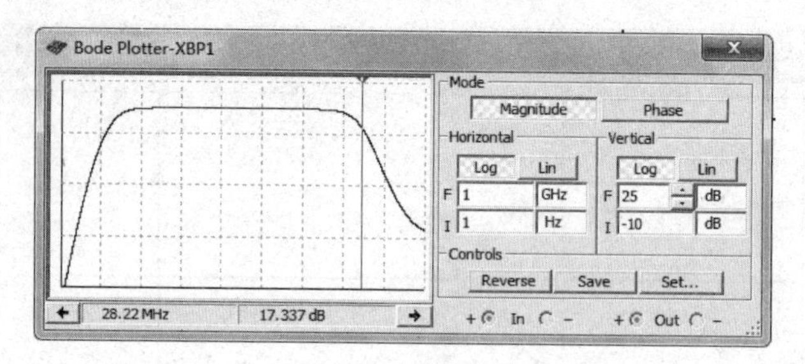

图 3-1-22　波特仪测量上限截止频率

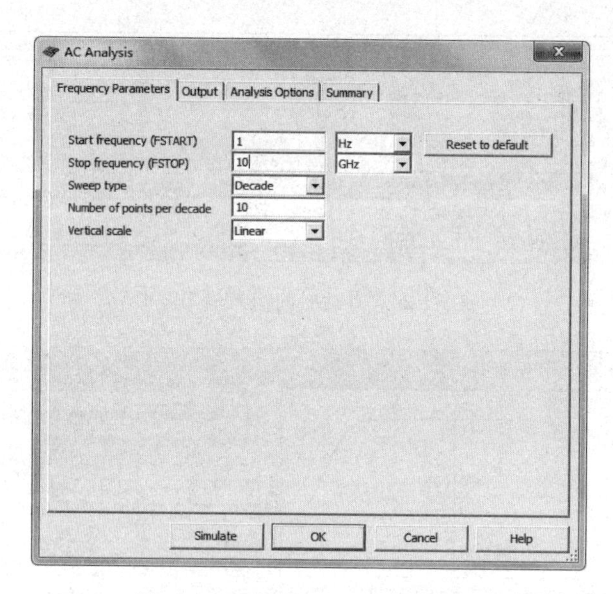

图 3-1-23　交流分析对话框的设置

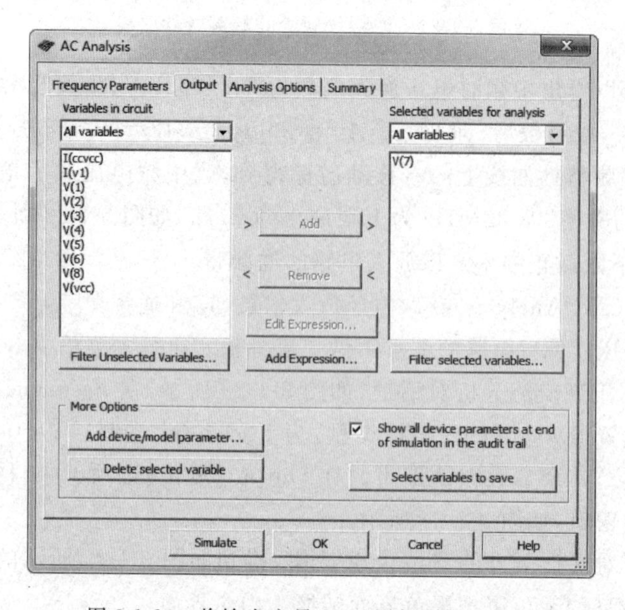

图 3-1-24　将输出变量 V(7)添加到右边窗口

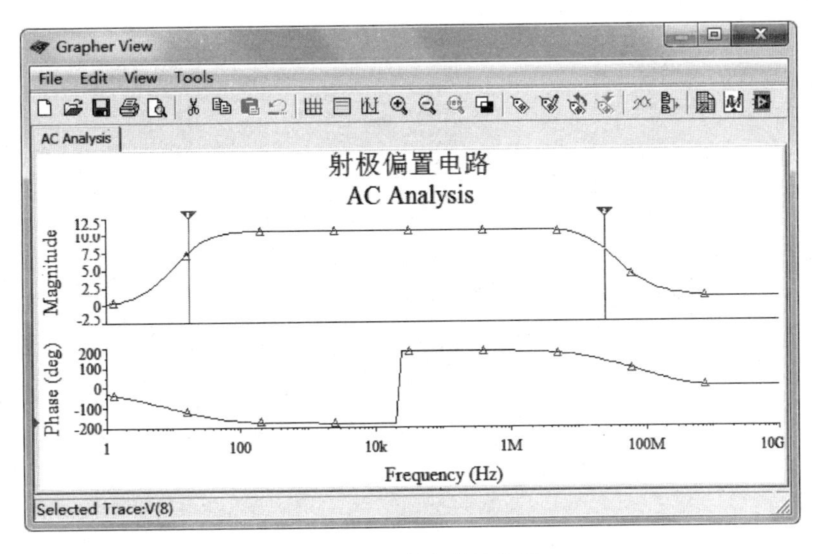

图 3-1-25　频率特性曲线

窗口中的图标 ，出现测量数据窗口，幅频特性曲线的测量数据如图 3-1-26 所示。中频段的电压放大倍数 A_{um} 为最大值 max y＝10.5640（由于射极电阻 R_{E2} 的存在，致使电压放大倍数降低）。移动两个游标，使得两个游标的 Y1 和 Y2 读数为最大值（max y）的 $1/\sqrt{2}$，约是 7.4687，这样 x1＝14.7917Hz，即对应的频率为下限截止频率 f_L，x2＝27.5794MHz，即对应的频率为上限截止频率 f_H，dx＝27.5794MHz，即为 f_H 与 f_L 之间的频率差，其数值为通频带 f_{bW} 的大小。

AC Analysis

	V(7)
x1	14.7917
y1	7.5140
x2	27.5794M
y2	7.4581
dx	27.5794M
dy	-55.8489m
1/dx	36.2590n
1/dy	-17.9055
min x	1.0000
max x	10.0000G
min y	925.9966m
max y	10.5640
offset x	0.0000
offset y	0.0000

图 3-1-26　幅频特性曲线中仿真标尺所测量的数据

3）确定输入电阻和输出电阻

在图 3-1-12 所示的仿真电路中，输入端与输出端接入万用表，如图 3-1-27 所示，万用表 XMM1 串接在输入端，用于测量交流电流，万用表 XMM2 和 XMM3 设置交流电压表。执行 Simulate→Run 或单击仿真按钮进行仿真。注意：在输出波形没有失真的前提下，万用表读数才有意义。

（1）用万用表间接法测输入电阻 r_i

测得数据如图 3-1-28 所示。

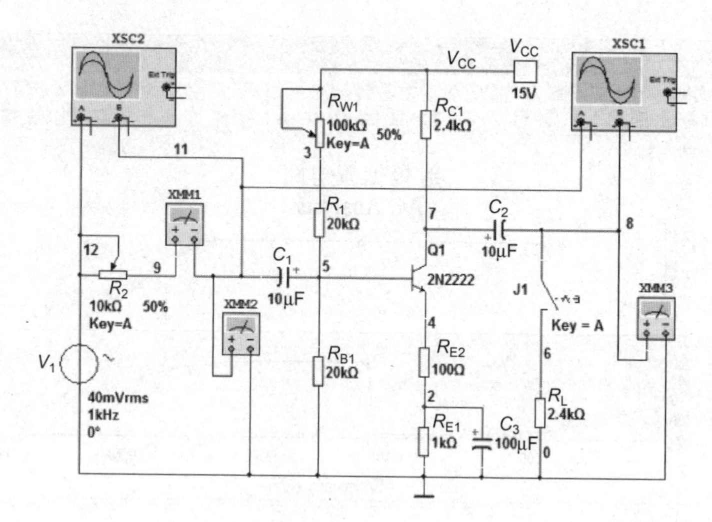

图 3-1-27　输入电阻与输出电阻测量电路

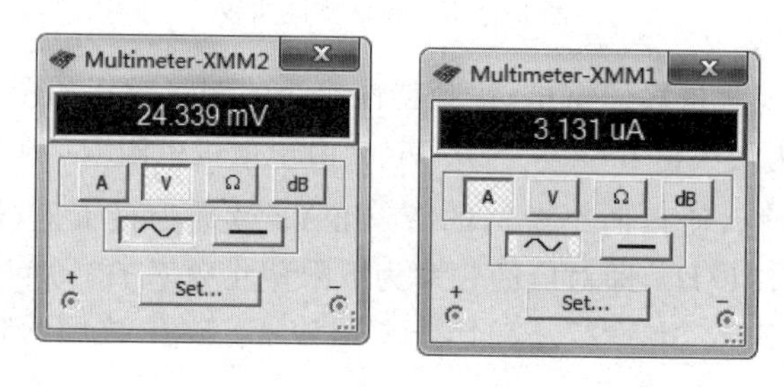

图 3-1-28　输入电压表和输入电流表的读数

可得输入电阻为

$$r_i = \dot{U}_i / \dot{I}_i = 24.339 \times 10^{-3} / 3.131 \times 10^{-6} \approx 7.8(\text{k}\Omega)$$

(2) 用示波器间接法测输入电阻 r_i

示波器观察输入电压 u_s 与输入电压 u_i 的波形如图 3-1-29 所示。

代入公式(3-1-9)求得输入电阻：

$$r_i = \frac{\dot{U}_i}{\dot{I}_i} = \frac{U_i}{U_s - U_i}R = \frac{U_{im}}{U_{sm} - U_{im}}R = \frac{34.142 \times 10^{-3}}{(56.539 - 34.142) \times 10^{-3}} \times 5.0 \times 10^3 \approx 7.6(\text{k}\Omega)$$

(3) 用万用表输出电阻 r_o

在有载(开关 J1 闭合)和负载开路(开关 J1 断开)的情况下，分别进行仿真，测得的输出电压如图 3-1-30 所示。

求得输入电阻为

$$r_o = \left[\frac{\dot{U}_\infty}{\dot{U}_o} - 1\right] R_L = \left(\frac{503.806 \times 10^{-3}}{263.575 \times 10^{-3}} - 1\right) \times 2.4 \times 10^3 \approx 2.2(\text{k}\Omega)$$

从上面结果可以看出，用万用表测得的输入电阻值、输出电阻值和用示波器测得的结果很接近，且与理论值相符。在硬件实验时，要注意万用表交流电压有效值的频率响应范围和放大电路的通频带是否符合。如果万用表频率范围小和射极偏置电路的频率范围不相符，则只能用数字示波器或毫伏表测量输入、输出电阻及通频带。

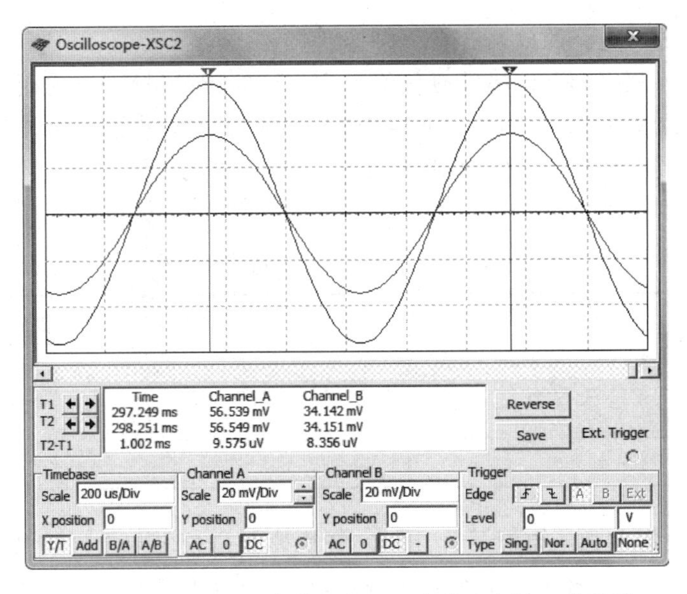

图 3-1-29 示波器观察输入电压 u_s 与输入电压 u_i 的波形

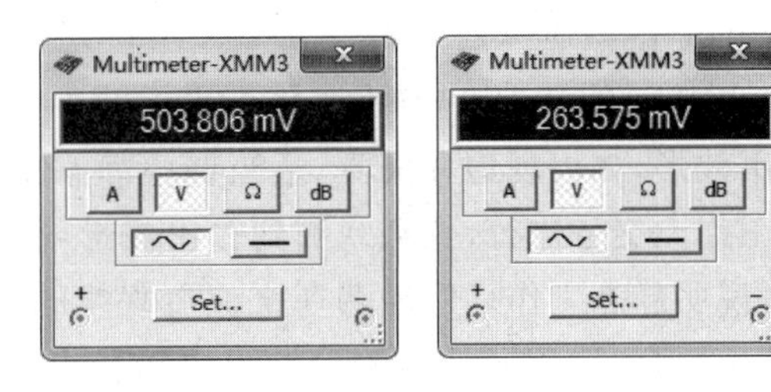

图 3-1-30 万用表测得的开路电压 U_{∞} 与有载输出电压 U_o

6. 实验室操作实验内容

1）测量单管放大电路的静态工作点

(1) 连接电路

连接电路前，先检查实验箱的稳压电源是否正常，如正常，则按原理图 3-1-1 接线。基本步骤：①关闭实验箱电源、稳压电源开关，把实验箱上的接地点用黑色二号线接到线路板的 GND 处，然后将实验箱稳压电源中的直流电压＋15V 接到线路板上的 V_{CC} 处。②单管放大电路的输入端接地（$u_i=0$）。③用导线连接 R_{C1} 与＋15V 电源之间的插孔。

注意：本实验采用间接法测电流 I_C，因此不需要接入电流表，这样操作简单易行。

(2) 测量静态工作点

打开实验箱电源，打开＋15V 直流稳压电源开关，调节 R_{W1}，用数字万用表测量放大电路的静态工作点，即测量三极管各极电位（为保证输入信号加入之后输出波形不发生失真，三极管集电极电位 U_C 参考数值为 8V 左右），记入表 3-1-3 中，根据测得的电压数值，计算相应的集电极电流 I_C。

表 3-1-3 放大电路静态工作点测量值

U_B/V	U_E/V	U_C/V	I_C/mA

2）测量单管放大电路的放大倍数

输入端 u_i 接入频率 1kHz、幅度有效值为 20mV 的正弦波信号(先用示波器测量无误后，然后接入放大器)，负载开路，用示波器观察输出波形，在输出波形无失真的情况下，用示波器测量输出电压有效值 U_o，接入负载电阻 $R_{L1}=2.4\text{k}\Omega$，$R_{L2}=1.2\text{k}\Omega$，测输出电压有效值并计算放大倍数，填入表 3-1-4 中。

表 3-1-4 单管放大电路放大倍数的测量值

$R_L/\text{k}\Omega$	U_o/V	A_u	观察记录一组 u_i 和 u_o 波形
∞			$u_i\ u_o$ — t
2.4			
1.2			

关闭实验箱电源和稳压电源开关，用 R_{C2} 替换掉 R_{C1}，使之与 +15V 电源之间的插孔进行连接，重复实验步骤 1)和 2)并记录数据，总结集电极电阻对静态工作点和电压放大倍数有何影响。

3）测量最大不失真输出电压

具体调测方法：在实验步骤 2)的基础上，静态工作点先保持不变，逐步增大输入信号幅度，用示波器观察输入、输出波形，如出现饱和失真，适当调整静态工作点，消除失真。增加输入信号幅度与调整静态工作点交替进行，直到观测到输出波形同时出现削顶(截止失真)和削底(饱和失真)失真时，说明静态工作点已经调在交流负载线的中点。然后减小输入幅度，使输出信号最大且不产生失真时，用示波器测量输出电压最大值 U_{om} 及峰峰值 U_{opp}，并将此时对应的输入信号峰值 U_{im} 及静态工作点 I_C(间接法)一并记入表 3-1-5 中。

表 3-1-5 最大不失真输出电压的测量值

$R_L/\text{k}\Omega$	I_C/mA	U_{im}/mV	U_{om}/V	U_{opp}/V
∞				
2.4				

4）测量放大器的输入电阻和输出电阻

(1) 测量放大器的输入电阻 r_i

断开负载，将频率 1kHz、幅度有效值为 20mV 的正弦波信号接入 u_s 端口(相当于将 R 接入电路)，在输出电压波形不失真的情况下，用示波器测出此时输入信号电压有效值 U_s 和 U_i，按照公式(3-1-9)计算出 r_i 并填入表 3-1-6 中。

表 3-1-6 放大电路输入电阻、输出电阻测量

U_s/mV	U_i/mV	U_∞/V	U_o/V	$r_i/\text{k}\Omega$	$r_o/\text{k}\Omega$

(2) 测量放大器的输出电阻 r_o

保持步骤(1)中的输入信号不变，测量输出端不接负载的输出电压 U_∞，然后接入负载

($R_L=2.4\text{k}\Omega$)，测量输出电压 U_o，代入公式(3-1-11)求出输出电阻 r_o，填入表 3-1-6 中。

5）观察放大电路静态工作点对输出波形失真的影响(选做)

将负载开路，保持 R_{W1} 与输入信号频率不变，逐步加大输入信号幅度，使放大电路的输出电压 u_o 足够大但不发生饱和失真及截止失真；保持输入信号不变，调整 R_{W1} 使波形同时出现饱和失真或截止失真，绘出 u_o 的波形，并测出失真情况下的 I_C 和 U_{CE}，记入表 3-1-7 中。

表 3-1-7　静态工作点对输出波形失真的影响

I_C/mA	U_{CE}/V	u_i、u_o 波形	失真情况
		u_i、u_o (坐标轴, t)	
		u_i、u_o (坐标轴, t)	

6）测量通频带：测放大器下限频率 f_L 和上限频率 f_H(选做)

输入信号幅度有效值为 20mV 保持不变，用示波器测输入信号频率为 1kHz 时的输出电压有效值 U_o。在保证输入信号幅度不变的条件下，降低信号频率，直到示波器上输出电压有效值下降到原来输出 U_o 的 70.7%，此时输入信号的频率即为下限频率 $f_L=$________。若实验所使用的信号发生器频率大于测试电路的上限频率，则上限频率 f_H 亦可用类似的方法测得，$f_H=$________。

7. 注意事项

(1) 实验开始前，应先检查本组的元器件设备是否齐全完备，校准示波器，检查导线与各种接线是否有短路或接触不良的现象，了解线路的组成和接线要求。

(2) 测量静态值时，要注意万用表的极性和量程。

(3) 完成实验电路接线后，必须进行复查，尤其电源极性不得接反，确定无误后，方可通电进行实验。绝对不允许带电操作。如发现异味或其他事故情况，应立即切断电源，报告指导教师检查处理。实验中严格遵循操作规程，改接线路和拆线一定要在断电的情况下进行。

(4) 为避免干扰，放大电路与仪器仪表的连接应"共地"。

(5) 用示波器观察输出电压 u_o 波形时，要与输入电压 u_i 的相位进行比较。

(6) 测量电压、输入阻抗、增益和频率响应特性等参数时必须保证输出信号不失真，只有在输出信号不失真的情况下，测量数据才是有意义的。

8. 常见故障及解决方法

故障现象 1：测试静态工作点时，三极管集电极电位为 15V。

解决方法：说明电阻 R_{C1} 中没有流过集电极电流，R_{C1} 是个等势体，即 R_{C1} 两端电位都是 15V。这时应检查电位器 R_{W1} 和三极管是否有问题。

故障现象 2：电路接通之后，输出端没有波形输出。

解决方法：造成这种现象的原因可能有多种，应按照以下顺序依次检查：

(1) 首先检查静态工作点是否合适;

(2) 检查信号发生器与示波器是否正常;

(3) 用示波器从输入信号开始沿信号流向逐点检查故障位置;

(4) 检查电容 C_2 是否断开;

(5) 观测输出波形的示波器探头两个鳄鱼夹是否接反。

故障现象 3: 当输入信号为几毫伏数量级时,示波器显示的波形模糊不清晰。

解决方法: 示波器的双夹线抗干扰能力差,需要更换质量好的探头。

9. 思考题

(1) 改变静态工作点时,对放大器的输入电阻有无影响? 为什么?

(2) 能否用数字万用表测量图 3-1-1 所示的放大电路的幅频特性曲线?

(3) 若放大电路输出波形发生失真,是什么原因造成的? 应如何解决?

(4) 如何用数字示波器测量放大电路的静态工作点?

(5) 改变静态工作点对放大器的输入电阻 r_i 有否影响? 改变外接电阻 R_L 对输出电阻 r_o 有否影响?

(6) 无限增大负载电阻 R_L,是否可以使得电压放大倍数 A_u 无限增大? 为什么?

(7) 在测试 A_u、r_i 和 r_o 时怎样选择输入信号的大小和频率? 为什么信号频率一般选 1kHz,而不选 100kHz 或更高?

(8) 测试中如果将函数信号发生器、示波器中任一仪器的两个测试端子的接线交换位置(即各仪器的接地端不连在一起),将会出现什么问题?

(9) 如果想进一步扩展通频带,有什么切实可行的方法?

(10) 实验测量所得的电压放大倍数与理论计算所得的电压放大倍数是否相同? 造成两者差异的原因有哪些?

3.2 差分放大器实验

1. 实验目的

(1) 熟悉差分放大器组成、特点和用途。

(2) 学习差分放大器主要性能指标的测试方法。

(3) 解决在调试过程中可能出现的问题和故障,总结调试过程中的经验和教训。

2. 实验原理

差分放大器是能把两个输入电压的差值加以放大的电路,也称差动放大器。这是一种用于抑制零点漂移的直接耦合放大器,常用作多级放大电路的输入级,是构成集成电路的基本单元。差分放大器有两个输入端口和两个输出端口,因此可以构成双端输入双端输出、双端输入单端输出、单端输入双端输出、单端输入单端输出四种形式,本实验以双端输入为例,测试差分放大器双端输出及单端输出时的性能指标。

图 3-2-1 是差分放大器的基本原理图。它由两个元件参数相同的基本共射放大电路组成,其中 T_1、T_2 参数的一致性尤为重要。R_1、R_2 是均压电阻,确保电路参数对称。u_{id} 两端均不接地。

当开关 K 拨向左边时,构成具有共射极电阻的长尾式差分放大器。调零电位器 R_p 用

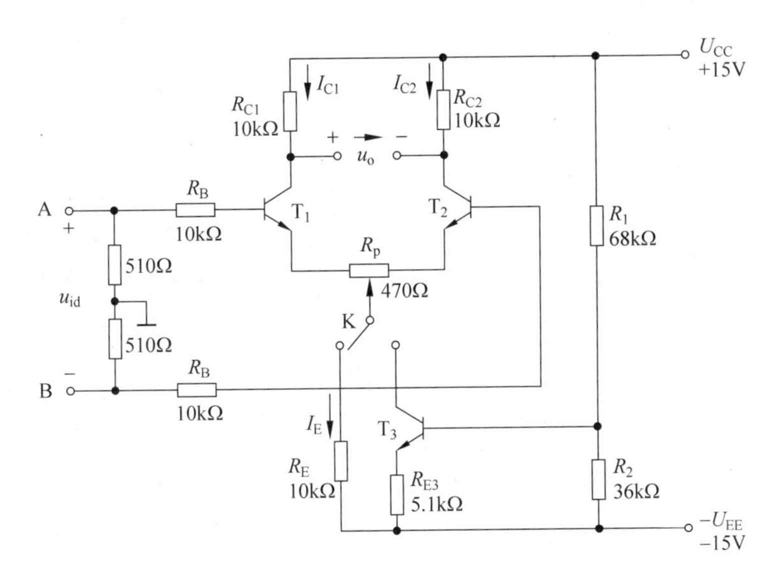

图 3-2-1 差分放大器电路原理图

来调节 T_1、T_2 管的静态工作点，达到电路对称，使得输入信号 $U_i=0$ 时，双端输出电压 $U_o=0$。R_E 为两管共用的发射极电阻，对差模信号无负反馈作用，不影响差模电压放大倍数，但对共模信号有较强的负反馈作用，故可以有效地抑制零漂，稳定静态工作点。

当开关 K 拨向右边时，构成具有恒流源的差分放大器。它用由 T_3 组成的晶体管恒流源电路代替发射极电阻 R_E，能进一步提高差动放大器抑制共模信号的能力。

1）静态工作点的估算

静态分析与单管共射极放大电路基本相同，单个三极管的直流通路如图 3-2-2 所示。此处是双电源供电，T_1 和 T_2 基极电压可近似认为是 0。射极电流公式为式(3-2-1)，由于 T_1 和 T_2 两个三极管及相关元件参数都是对称的，其集电极电流公式为式(3-2-2)。恒流源电路所提供的 T_3 的集电极电流约等于其发射极电流，于是有 T_3 管的集电极电流和射极电流公式为式(3-2-3)，T_1 和 T_2 的集电极电流公式为式(3-2-4)。

$$I_E \approx \frac{|U_{EE}|-U_{BE}}{R_E}（假设\ U_{B1}=U_{B2}\approx 0） \tag{3-2-1}$$

$$I_{C1}=I_{C2}=\frac{1}{2}I_E \tag{3-2-2}$$

$$I_{C3}\approx I_{E3}\approx \frac{\dfrac{R_2}{R_1+R_2}(U_{CC}+|U_{EE}|)-U_{BE}}{R_{E3}} \tag{3-2-3}$$

$$I_{C1}=I_{C2}=\frac{1}{2}I_{C3} \tag{3-2-4}$$

2）差分电压放大倍数和共模电压放大倍数

（1）差模电压放大倍数

差模等效电路如图 3-2-3 所示，如果差分放大器的射极电阻 R_E 足够大（假设 $R_E=\infty$），或采用恒流源电路时，差模电压放大倍数 A_{ud} 由输出端方式决定，而与输入方式无关。

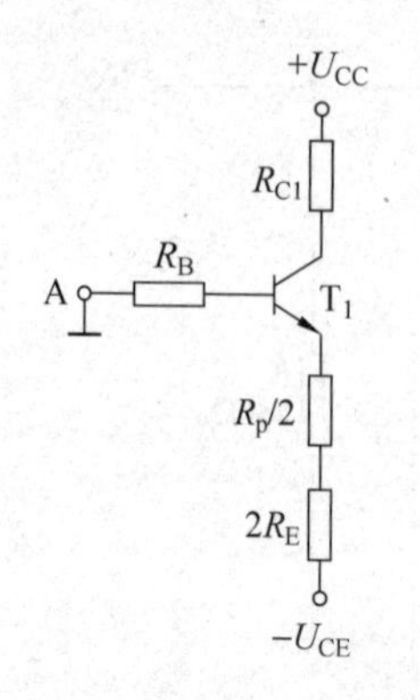

图 3-2-2 静态等效电路(单边)

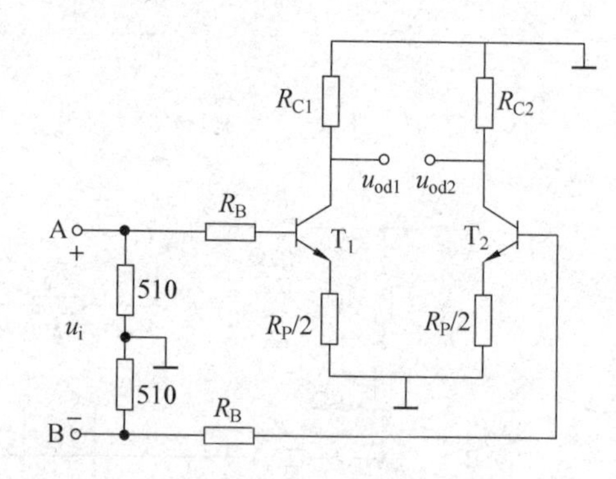

图 3-2-3 差模等效电路图

双端输出：$R_E=\infty$，R_p 在中心位置时，差分放大电路的放大倍数见公式为式(3-2-5)。

$$A_{ud}=\frac{u_{od}}{u_{id}}=-\frac{\beta R_C}{R_B+r_{be}+\frac{1}{2}(1+\beta)R_p} \tag{3-2-5}$$

单端输出时，每个三极管的差模电压放大倍数为式(3-2-6)和式(3-2-7)。

$$A_{u1}=\frac{u_{od1}}{u_{id1}}=\frac{1}{2}A_{ud} \tag{3-2-6}$$

$$A_{u2}=\frac{u_{od2}}{u_{id2}}=-\frac{1}{2}A_{ud} \tag{3-2-7}$$

(2) 共模电压放大倍数

共模等效电路如图 3-2-4 所示，当输入共模信号时，若为单端输出，则有

$$A_{uc1}=A_{uc2}=\frac{u_{oc1}}{u_{ic}}=\frac{-\beta R_C}{R_B+r_{be}+(1+\beta)\left(\frac{1}{2}R_p+2R_E\right)}\approx-\frac{R_C}{2R_E} \tag{3-2-8}$$

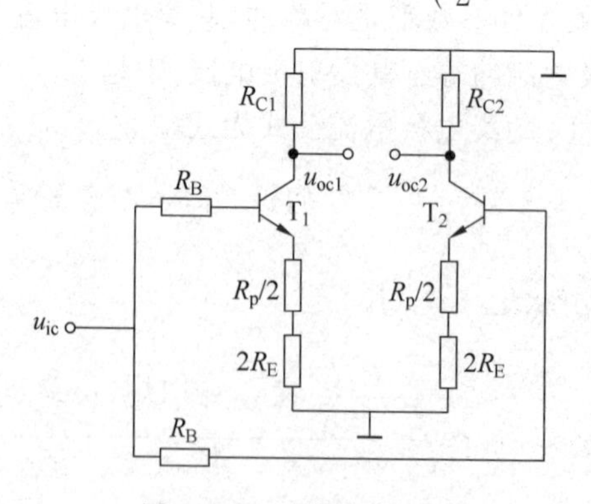

图 3-2-4 共模等效电路

若为双端输出，在理想情况下有

$$A_{uc}=\frac{u_o}{u_{ic}}=0 \tag{3-2-9}$$

实际上，由于元件不可能完全对称，因此 A_{uc} 也不会绝对等于零。

(3) 共模抑制比 K_{CMRR}

为了表征差分放大器对有用信号(差模信号)的放大作用和对共模信号(很多情况下是

一种共模干扰或温度的影响)的抑制能力,通常用一个综合指标来衡量,即共模抑制比 K_{CMRR},其定义式为

$$K_{CMRR}=\left|\frac{A_{ud}}{A_{uc}}\right| \quad 或 \quad K_{CMRR}(dB)=20\log\left|\frac{A_{ud}}{A_{uc}}\right| \tag{3-2-10}$$

差分放大器的输入信号可采用直流信号也可采用交流信号。本实验由函数信号发生器提供频率 $f=1$kHz 的正弦信号作为输入信号。

3. 预习要求

(1) 根据实验电路参数,估算长尾式差分放大电路和具有恒流源的差分放大电路的静态工作点及差模电压放大倍数(取 $\beta_1=\beta_2=100$)。

(2) 当测量静态工作点时,放大器输入端 A、B 与地应如何连接?

(3) 实验中如何获得双端和单端输入差模信号?如何获得共模信号?画出 A、B 端与信号源之间的连接图。

(4) 应该怎样进行静态时零点的调节?用什么仪器测量 U_o?

(5) 测量双端输出电压 U_o 时,应该选用什么仪器?应该如何测量?

(6) 在进行硬件实验之前完成本计算机仿真实验内容,电阻误差取 1%。

4. 实验设备与器件

本次实验所需设备和器件如表 3-2-1 所示。

表 3-2-1 实验设备与器件

序号	仪器或器件名称	型号或规格	数量
1	数字系统设计实验箱	TH-SZ	1
2	函数信号发生器	SU3050DDS	1
3	示波器	VP-5565D	1
4	万用表	MY61	1
5	差动放大器电路板	MG-5A	1
6	电阻	10kΩ	若干
7	安装 NI Multisim 10 的计算机		1

5. 计算机仿真实验内容

1) 长尾式差分放大电路的测试

(1) 静态工作点测试

① 构建仿真电路

把图 3-2-1 中的开关 K 拨向左边,构成长尾式差分放大电路,按此电路构建仿真电路,如图 3-2-5 所示,三极管的型号为 2N2222A,$\beta=296$。令 $U_i=0$,电位器 R_p 调在 50%的位置,在集电极、基极和电阻 R_E 端接入电流表测电流,在集电极和射极之间接入电压表。

② 仿真并记录结果

按下仿真按钮,把各仪表显示的仿真数据记录到自己设计的表格中。

(2) 差模信号动态测试

① 构建仿真电路

把图 3-2-1 长尾式差分放大电路静态工作点测试电路的输入端加入 $U_i=100$mV,频率 $f=1$kHz 的正弦信号。在 Multisim 10 仪器库中调出四踪示波器,使其 A、B 通道连接差分

电路的两个输入端,C、D通道连接电路的两个输出端;为测量单管差模信号输入和输出的有效值,在仪器库中调出两台万用表,分别接入 u_{id1} 输入端和输出端 u_{od2} 处,仿真电路如图 3-2-6 所示。

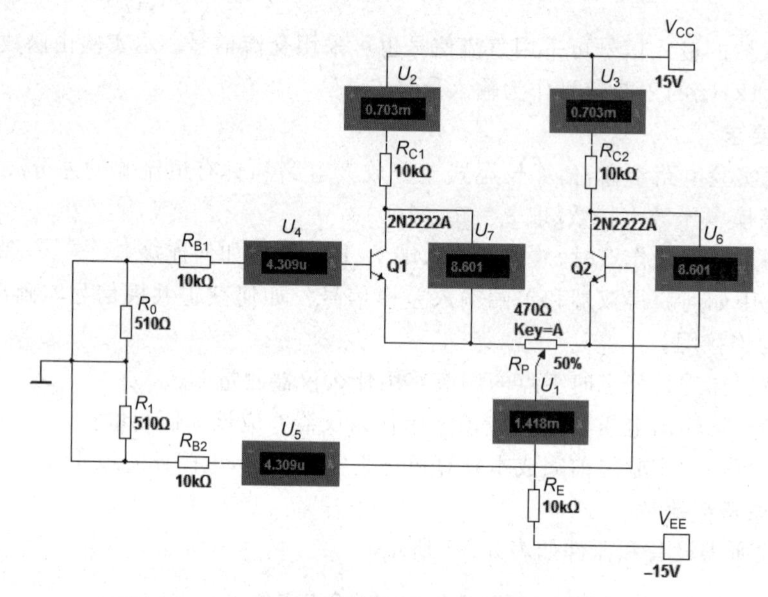

图 3-2-5　长尾式差分放大电路静态工作点测试电路

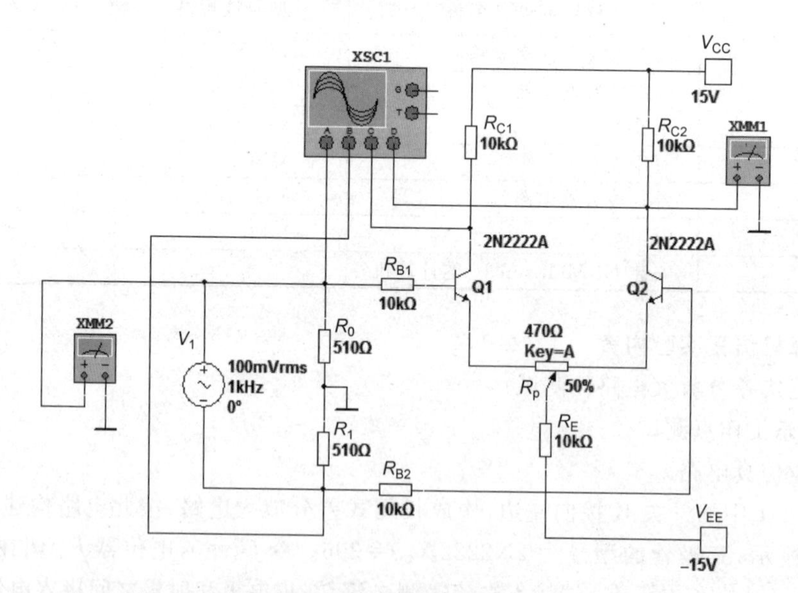

图 3-2-6　长尾式差分放大电路差模信号动态测试电路 1

② 仿真并记录结果

按下仿真按钮,当示波器出现波形时,结束仿真,调整示波器中每踪的时间偏转因数,垂直偏转因数和水平位置,把四踪波形中两个输入波形 u_{id1}(A 波形)与 u_{id2}(B 波形)放到一起,两个输出波形 u_{od1}(C 波形)与 u_{od2}(D 波形)放在一起,如图 3-2-7 所示。可以看出 A 踪和 D 踪相位相同,B 踪和 C 踪相位相同。把各仪表显示的仿真数据记录到自己设计的表格中。

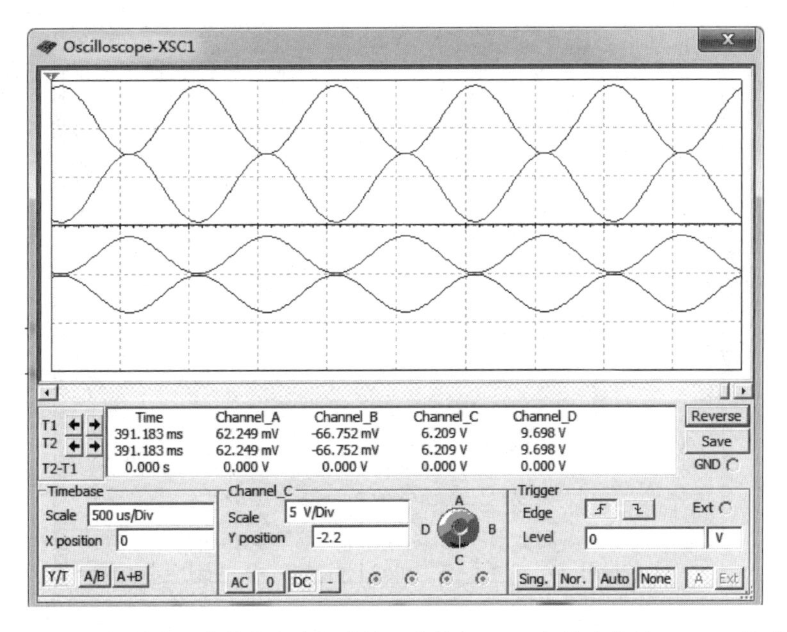

图 3-2-7　长尾式差分放大电路差模输入信号 u_{id1}、u_{id2} 与输出信号 u_{od1}、u_{od2} 波形

③ 用 3 台双踪示波器来观测输入和输出波形

在硬件实验中，可能没有四踪示波器，可以用 1 台双踪示波器，分三次来观察、测量输入、输出信号的相位关系和大小。图 3-2-8 所示为 3 台双踪示波器观测输入输出波形的仿真电路，仿真波形分别如图 3-2-9、图 3-2-10 和图 3-2-11 所示。

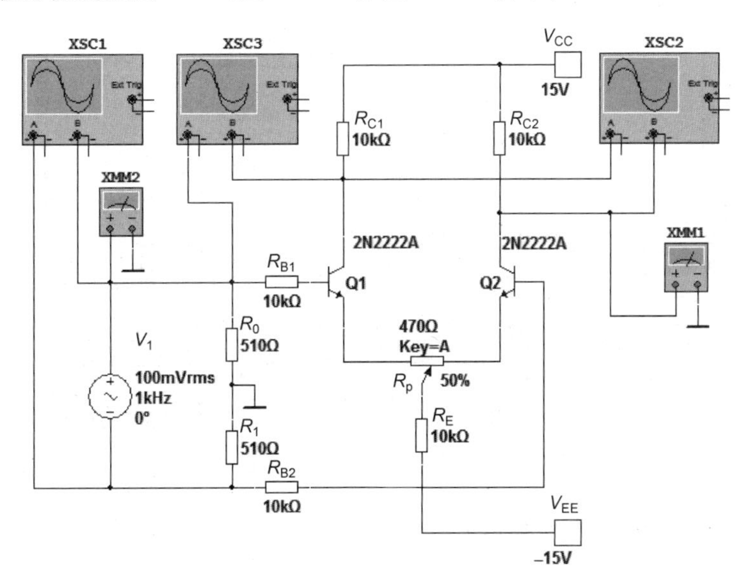

图 3-2-8　长尾式差分放大电路差模信号动态测试电路 2

由图 3-2-9 可以看出，两个差模输入信号大小相等，极性相反，相位相差 180°。u_{id1} 的幅值为 $U_{id1m}=70.650\text{mV}$，$U_{id1}=U_{id1m}/\sqrt{2}=70.650/\sqrt{2}\approx 49.965(\text{mV})$ 为所加信号有效值的一半，周期为 1.002ms，可以得出频率为 1kHz。

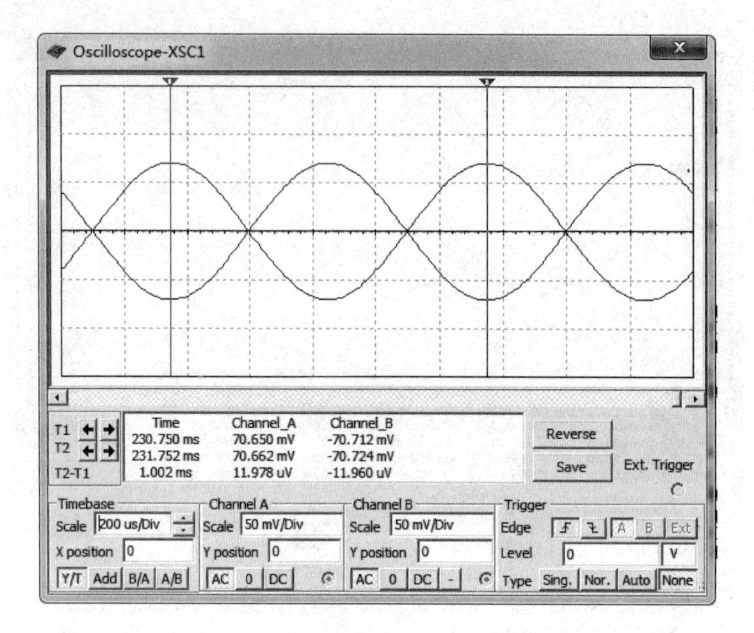

图 3-2-9　长尾式差分放大电路两个差模输入信号 u_{id1} 与 u_{id2} 波形

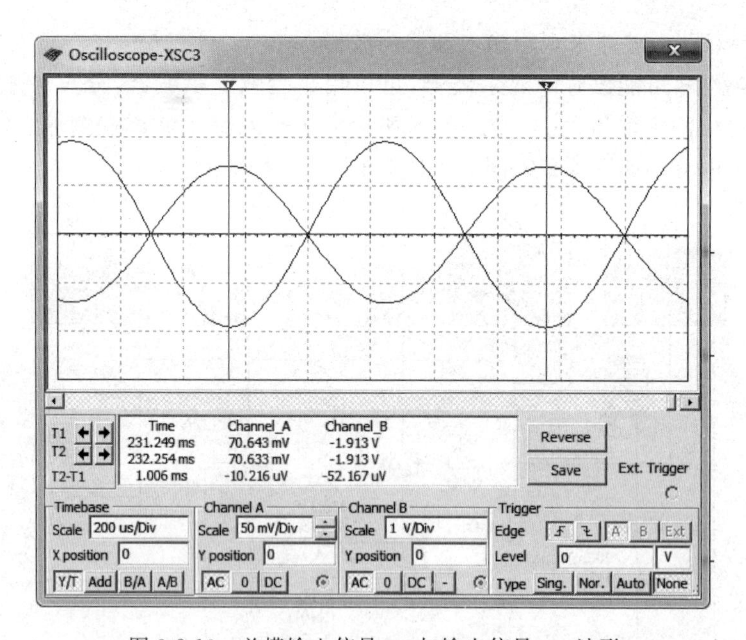

图 3-2-10　差模输入信号 u_{id1} 与输出信号 u_{od1} 波形

由图 3-2-10 可以看出，差模输出信号 u_{od1} 的幅值为 $U_{od1m}=1.913V$，与输入信号极性相反，即相位相差 180°。

由图 3-2-11 可以看出，两个差模输出信号大小相等，极性相反，相位相差 180°。

④ 观测输入信号 u_{id1} 与输出信号 u_{od2} 的有效值

图 3-2-12 所示为差模输入信号和差模输出信号的有效值。在输出波形不失真的情况下，才可以测量输出电压的有效值。

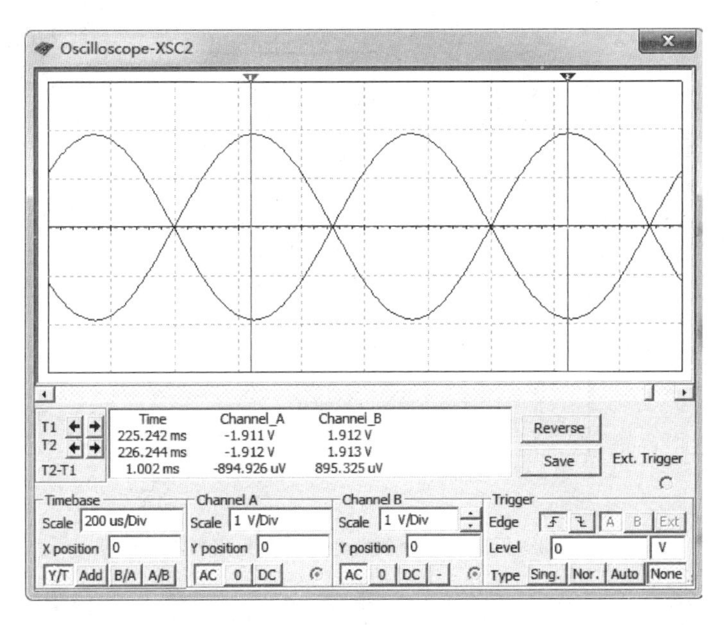

图 3-2-11　长尾式差分放大电路差模输出信号 u_{od1} 与 u_{od2} 波形

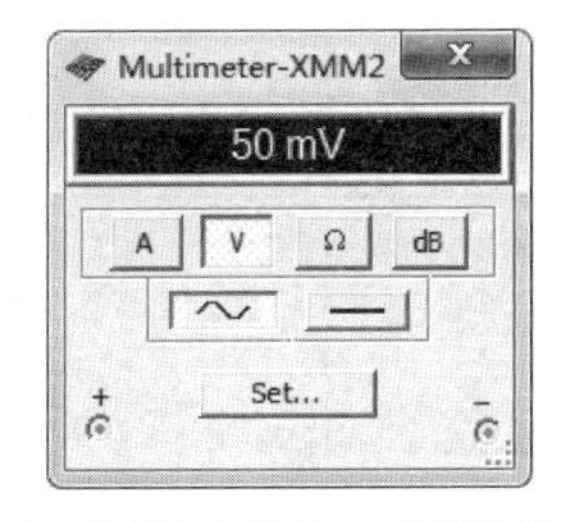

(a) 差模输入信号u_{id1}的有效值

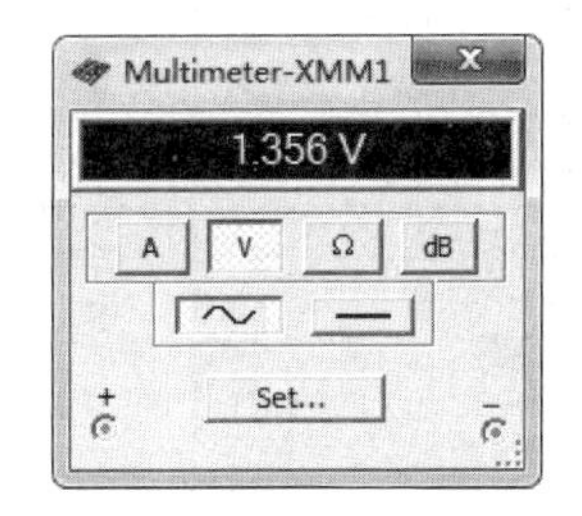

(b) 差模输出信号u_{od2}的有效值

图 3-2-12　长尾式差分放大电路输入、输出电压有效值

⑤ 电压放大倍数

$$A_{d1}=\frac{u_{o1}}{u_i}=-\frac{1.356}{50\times10^{-3}}\approx-27$$

(3) 长尾式差分放大电路共模信号测试

① 构建仿真电路

仿真电路如图 3-2-13 所示。差分放大电路的两个输入端接入一个共模信号 u_{ic}。用两台双踪示波器分别观测输入和输出波形，用两台万用表分别测输入信号 u_{ic} 与输出信号 u_{oc2} 的有效值。

② 仿真并记录结果

图 3-2-14 所示为双踪示波器 XSC1 观测的共模输入信号 u_{ic} 与输出信号 u_{oc1} 的波形，从波形可以看出，共模输入信号 u_{ic} 和输出信号 u_{oc1} 的相位相差 180°(极性相反)；由标尺 1 读出 u_{ic} 的幅值为 70.684mV，由此可得 $U_{ic1}=U_{ic2}=70.684/\sqrt{2}\approx49.999(\text{mV})$，与输入信号 $U_{ic}=50\text{mV}$ 相符；由标尺 2 读出 u_{oc1} 的幅值为 34.189mV，由此可得 $U_{oc1}=34.189/\sqrt{2}\approx24.179(\text{mV})$。

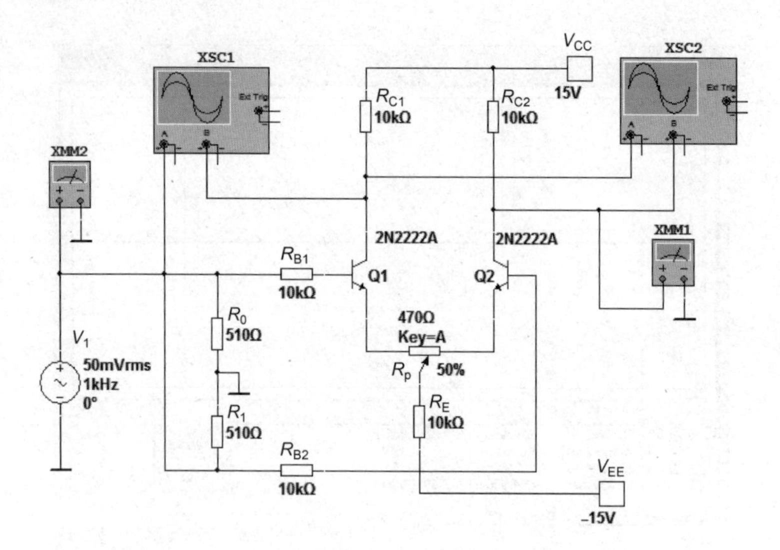

图 3-2-13　长尾式差分放大电路的共模信号测试电路

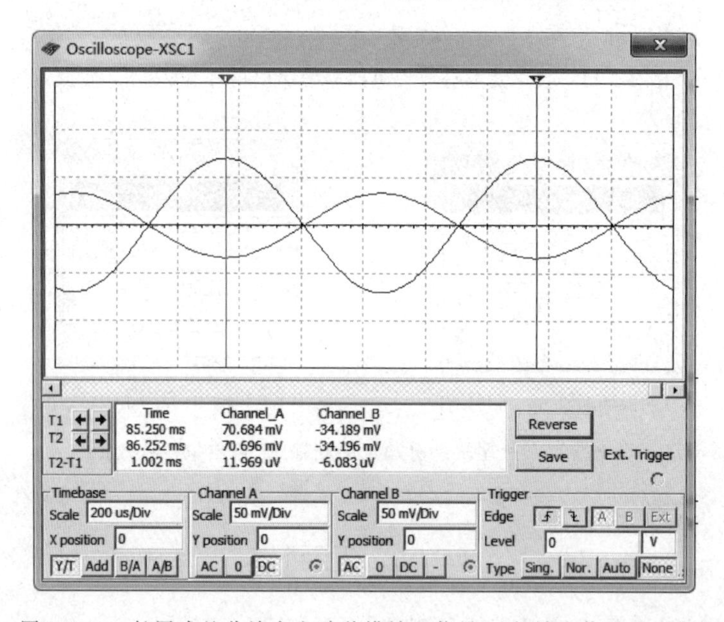

图 3-2-14　长尾式差分放大电路共模输入信号 u_{ic} 与输出信号 u_{oc1} 波形

从图 3-2-15 共模输出信号 u_{oc1} 与 u_{oc2} 的波形可以看出，两个共模输出信号 u_{oc1} 与 u_{oc2} 的相位相同。图 3-2-16 为在输出波形不失真的条件下测出的输出电压有效值为 24.165mV，与 $U_{oc1}=34.153/\sqrt{2}=24.153\text{mV}$ 的值相吻合。

电压放大倍数：

$$A_{uc1}=\frac{u_{oc1}}{u_{ic}}=-\frac{U_{oc1}}{U_{icm}}=-\frac{24.185\times10^{-3}}{50\times10^{-3}}\approx-0.48$$

2）具有恒流源的差分放大电路测试

（1）具有恒流源的差分放大电路共模信号测试

① 构建仿真电路

具有恒流源的差分放大电路输入、输出共模信号的仿真测试电路如图 3-2-17 所示。

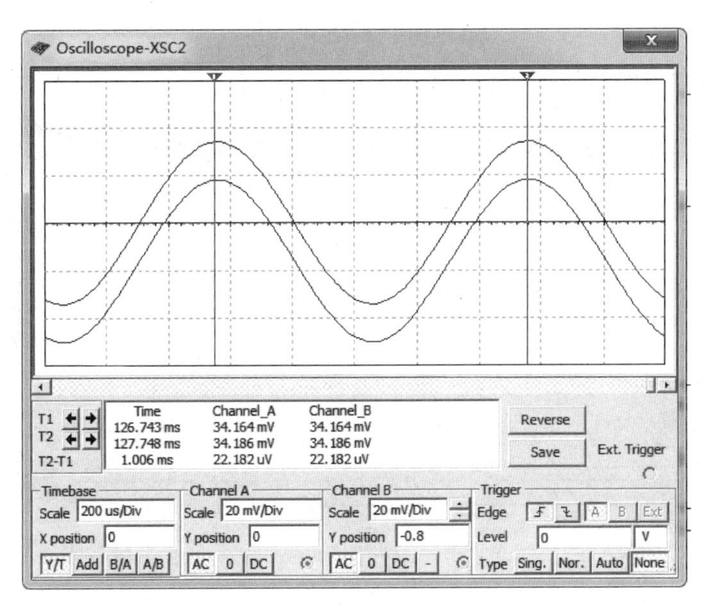

图 3-2-15　共模输出信号波形 u_{oc1} 与 u_{oc2} 波形

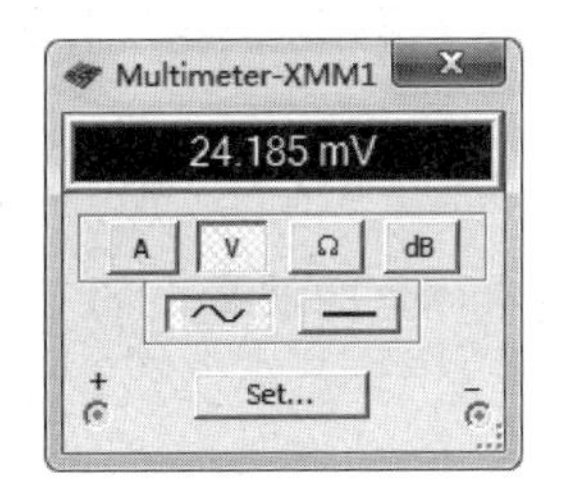

图 3-2-16　共模输出电压 U_{oc2} 的值

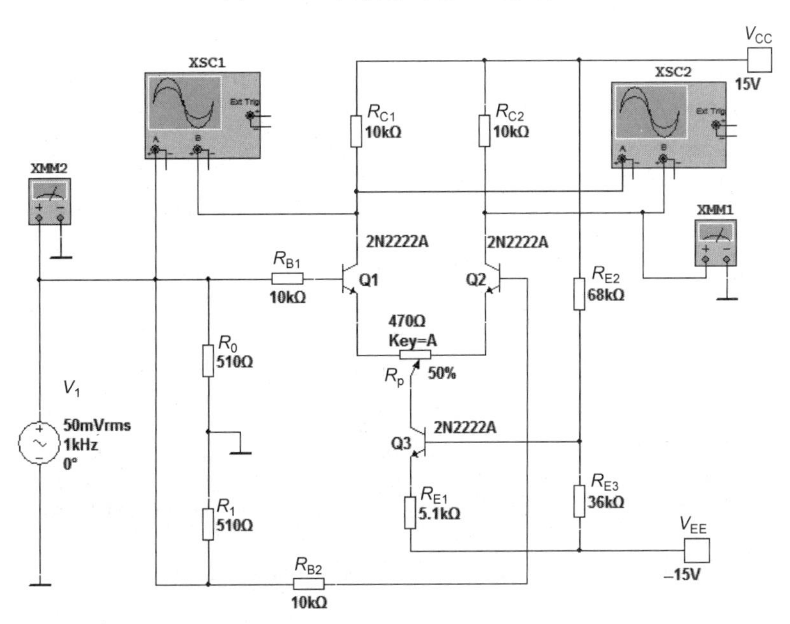

图 3-2-17　具有恒流源的差分放大电路共模信号的测试电路

② 仿真并记录结果

图 3-2-18 所示为输入信号 u_{ic} 与输出信号 u_{oc1} 的波形。

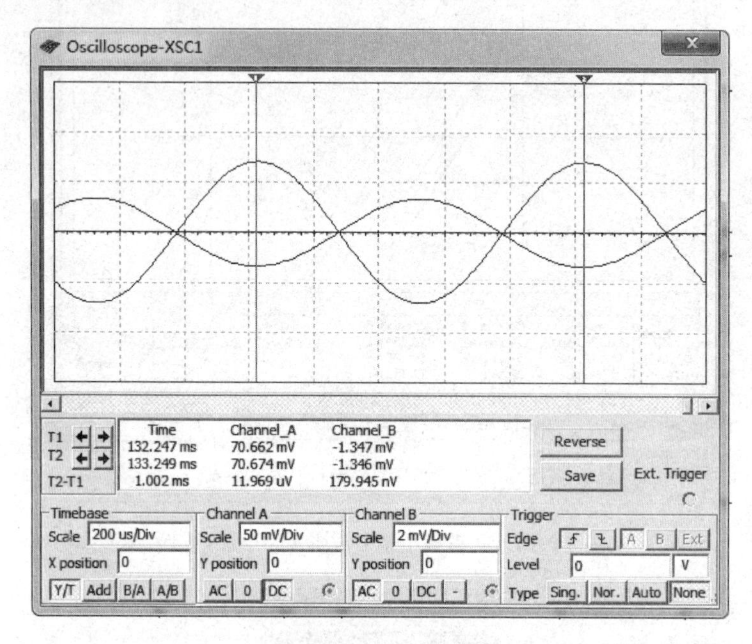

图 3-2-18 共模输入信号 u_{ic} 与输出信号 u_{oc1} 的波形

图 3-2-19 所示为输出信号 u_{oc1} 与 u_{oc2} 的波形。图 3-2-20 所示为共模输出电压的有效值 U_{oc2}。

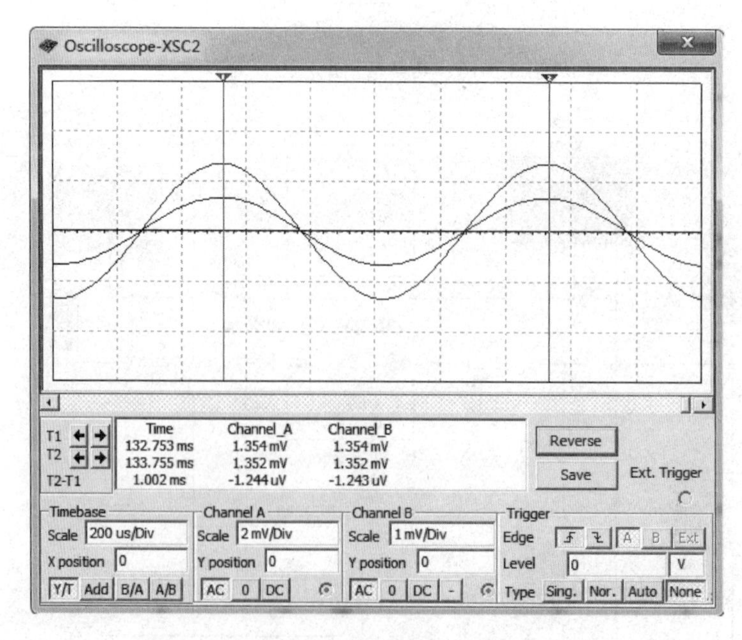

图 3-2-19 共模输出信号波形 u_{oc1} 与 u_{oc2} 的波形

从图 3-2-16 和图 3-2-20 可以看出，在输入信号大小相同的情况下，具有恒流源的差分放大电路的共模输出电压 U_{oc2} 比长尾式差分放大电路 U_{oc2} 的有效值小得多，说明具有恒流源的差分放大电路对共模信号有更强的抑制作用。

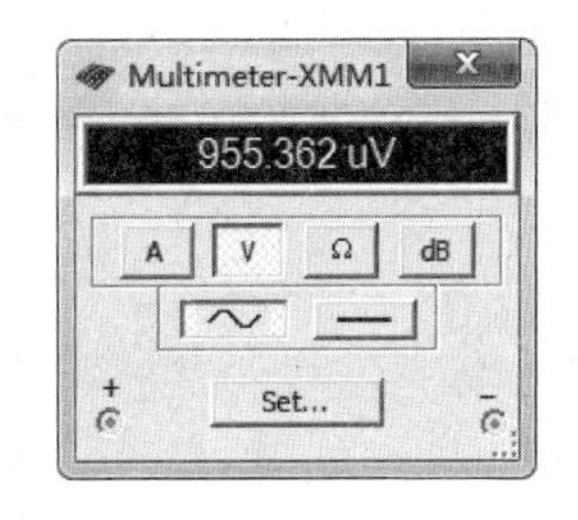

图 3-2-20　共模输出电压 U_{oc2} 的有效值

电压放大倍数

$$A_{uc1}=\frac{u_{oc1}}{u_{ic}}=-\frac{U_{oc1}}{U_{icm}}=-\frac{955.362\times10^{-6}}{50\times10^{-3}}\approx-0.02$$

(2) 具有恒流源的差分放大电路差模信号的测试

具有恒流源的差分放大电路，差模信号测试电路如图 3-2-21 所示。测试过程与长尾式差分放大电路差模信号的动态测试相同。这里不再赘述。

3) 仿真结果和结论

(1) 两个差模输入信号 u_{id1} 与 u_{id2} 大小相等，相位相差 180°(极性相反)；两个输出信号 u_{od1} 与 u_{od2} 大小相等，相位相差 180°(极性相反)；输入信号 u_{id1} 与输出信号 u_{od1} 极性相反，但与 u_{od2} 的极性相同。

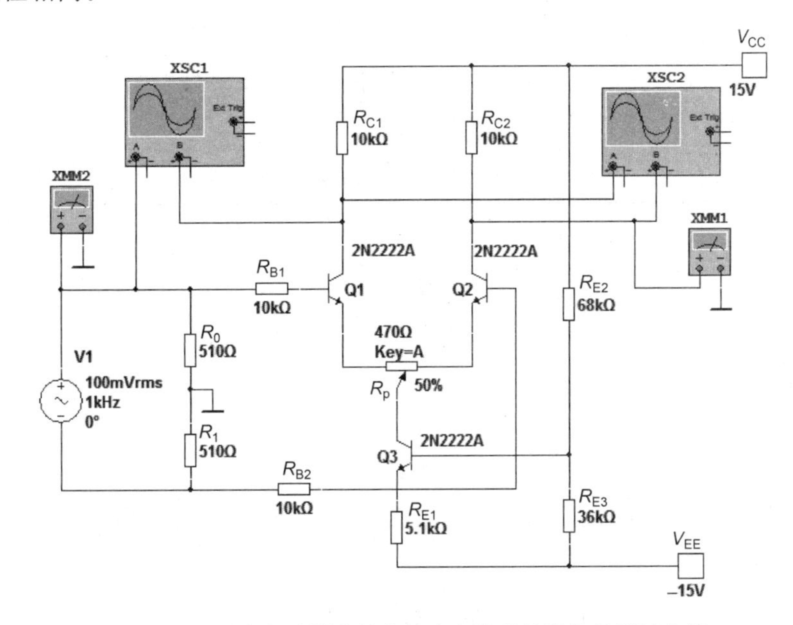

图 3-2-21　具有恒流源的差分放大电路的差模信号测试电路

(2) 具有恒流源的差分放大电路比长尾式差分放大电路的共模抑制比高。

6. 实验室操作实验内容

本实验线路板如图 3-2-22 所示，电路包含两种类型的电路，一种是简单的长尾式差分放大器，另一种是具有恒流源的差分放大电路。

1) 简单长尾式差分放大器性能测试

按原理图 3-2-1 连接实验电路，先将实验板上的开关 K 拨向左边构成典型长尾式差分放大器。

(1) 静态工作点测量

① 放大器输出调零

将放大器输入端 A、B 与地短接，接通±15V 直流电源，用直流电压表(或数字万用表)测

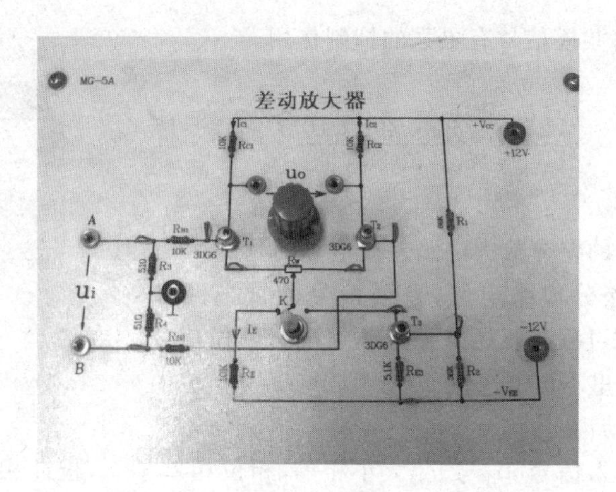

图 3-2-22 差分放大器实验板实物图

量输出电压 U_o，调节调零电位器 R_p，使 $U_o=0$。调节要仔细、耐心，力求准确。

② 测量静态工作点

零点调好以后，用直流电压表测量 T_1、T_2 管各极电位及射极电阻 R_E 两端电压 U_{R_E}，记入表 3-2-2 中。根据测量值计算出 I_C 和 I_B 值。

表 3-2-2 静态工作点测量数据表

	U_{B1}/V	U_{C1}/V	U_{E1}/V	U_{B2}/V	U_{C2}/V	U_{E2}/V	U_{R_E}/V
计算值							
测量值							

（2）测量差模电压放大倍数

将函数信号发生器的输出端接到如图 3-2-22 所示的放大器输入端 A 处，信号源地端接放大器输入端 B 处，构成单端输入方式，调节输入信号为 $U_i=100\text{mV}$，频率 $f=1\text{kHz}$ 的正弦信号，在输出波形无失真的情况下，用示波器观测 u_{id1} 与 u_{c1}、u_{c2} 之间的相位关系，用示波器测 U_i、U_{c1}、U_{c2}，记入表 3-2-3 中。

表 3-2-3 电压放大倍数测量数据表

	典型差分放大电路		具有恒流源差分放大电路	
	单端输入	共模输入	单端输入	共模输入
U_i	100mV	1V	100mV	1V
U_{o1}/V				
U_{o2}/V				
$A_{d1}=\frac{u_{o1}}{u_i}$		/		/
$A_{ud}=\frac{u_o}{u_i}$		/		/
$A_{uc1}=\frac{u_{oc1}}{u_{ic}}$	/		/	

续表

	典型差分放大电路		具有恒流源差分放大电路	
	单端输入	共模输入	单端输入	共模输入
$A_{uc}=\frac{u_{oc}}{u_{ic}}$		/		/
$K_{CMRR}=\left\|\frac{A_{ud}}{A_{uc}}\right\|$		/		/

(3) 测量共模电压放大倍数

将放大器 A、B 短接，将函数信号发生器的输出端接到如图 3-2-22 所示的放大器输入端 A 处，信号源地端接放大器的零参考点，调节输入信号 $f=1\text{kHz}$，$U_i=1\text{V}$，在输出电压无失真的情况下，观察 u_i 与 u_{c1}、u_{c2}之间的相位关系，测量 U_{c1}、U_{c2}的值并填入表 3-2-3 中。

2) 典型恒流源差分放大电路性能测试

将图 3-2-22 所示电路中开关 K 拨向右边，构成具有恒流源的差分放大电路。重复实验内容 1)的要求，将测量数据记入表 3-2-3 中。

7. 注意事项

(1) 不要带电操作，要严格遵守实验规程。

(2) 检查导线是否有断线或接触不良情况。

(3) 检查差动放大器印刷电路板上各元器件是否完好，是否有缺件、断脚或接触不良现象。

(4) 电源极性不得接反，以免损坏器件。

(5) 为避免外界干扰和仪器串扰，对实验结果带来影响，导致测量误差增大，所有仪器的"地"电位端与实验电路的"地"电位端必须可靠连接在一起，即"共地"。

(6) 函数信号发生器作为信号源，它的输出端不允许短路。

8. 常见故障及解决方法

故障现象 1：静态工作点不正常。

解决方法：首先检查双电源是否正确接入，公共地是否接入到 A、B 两点间的正确位置；其次，如果某个三极管的静态工作点不正常，则检查与此三极管关联的几个电阻是否有虚焊、脱焊的情况。

故障现象 2：差分信号不放大。

解决方法：首先检查信号源是否正常输出信号；其次检查信号源的地线是否正确接到电源的地或者实验线路板上的地；最后检查恒流源部分的元件是否有问题(虚焊、脱焊或者损坏)。

故障现象 3：共模信号有放大。

解决方法：除按照上述方法检查电路中的各相关元件外，主要看信号接入的位置是否正确(即是否接在了输入端与地之间)，然后检查 A、B 两点是否可靠短接。

故障现象 4：恒流源模式时电路无法放大差模信号。

解决方法：检查开关 K 是否与 T_3 集电极可靠连接，再检查 T_3 的基极、发射极电位是否正常(可根据图中所示的各元件参数自行计算正确值)，检查电阻是否虚焊、脱焊和错焊，检查三极管是否完好。

9. 思考题

(1) 在实验原理图中如果开关 K 断开,会出现什么情况?

(2) 单端输入时,没有信号输入的三极管的组态是什么?

(3) 单纯增加 R_E 的值是否可以达到恒流源同样的效果?总结 R_E 的作用。

(4) 比较 u_i 与 u_{c1}、u_{c2}之间的相位关系。

3.3 OTL 功率放大器实验

1. 实验目的

(1) 进一步理解 OTL 功率放大器的工作原理。

(2) 学习电路静态工作点的调整方法,掌握最大不失真电压的测量方法。

(3) 熟悉自举电路在 OTL 功率放大电路中的作用。

(4) 熟悉 OTL 功率放大电路输出波形产生交越失真的原因以及克服交越失真的方法。

2. 实验原理

功率放大电路是用于向负载提供功率的放大电路,其实际应用非常广泛,例如,驱动扬声器发声和电动机转动等。功率放大电路在多级放大电路中位于输出级,通常工作在大信号情况下,与小信号放大电路不同,它要求输出功率尽可能大、输出非线性失真尽可能小且电路效率尽可能高。常用的功率放大电路有 OTL、OCL 互补对称功率放大电路和集成音频功率放大器等。OTL 互补对称功率放大器是一种目前应用较为广泛的功放电路,其特点是输出端不需要变压器,只需要一个大容量电容和单电源供电。

分立元件功率放大电路根据三极管的导通时间不同,可分为甲类、乙类和甲乙类等工作状态。甲类功率放大电路中的三极管在输入信号的整个周期内都导通,没有信号输入时,静态工作电流大,管耗大,效率低,但是非线性失真小。乙类功率放大电路中的三极管仅在输入信号的半个周期内导通,没有信号输入时不消耗功率,因而管耗小、效率高,但会出现交越失真。甲乙类功率放大电路的管耗和效率介于甲类和乙类之间。

OTL 功率放大电路如图 3-3-1 所示。其中 T_1 为推动级(也称前置放大级),T_2、T_3 是一对参数对称的 NPN 和 PNP 型晶体三极管,由于每一个管子都接成射极输出器形式,因此具有输出电阻低,带负载能力强等优点,它们组成互补对称的 OTL 功率放大电路。T_1 管工作于甲类状态,它的集电极电流 I_{C1} 由电位器 R_{W1} 进行调节,I_{C1} 的一部分流经电位器 R_{W2} 及二极管 D,给 T_2、T_3 管提供偏压,调节 R_{W2},可以使 T_2、T_3 得到合适的静态电流而工作于甲乙类状态,以克服交越失真。静态时要求输出端中点 A 的电位为 $V_{CC}/2$,可以通过调节 R_{W1} 来实现。当输入正弦交流信号 u_i 时,经 T_1 放大、倒相后同时作用 T_2、T_3 的基极,当 u_i 是负半周波形时,T_3 管导通,T_2 管截止,有电流通过负载 R_L,同时向电容 C_0 充电。当 u_i 是正半周波形时,T_2 管导通(T_3 管截止),已充好电的电容器 C_0 起着电源的作用,通过负载 R_L 放电,这样在 R_L 上就得到完整的正弦波。C_2 和 R 构成自举电路,用于提高输出电压正半周的幅度,以得到大的动态范围。

需要注意的是,在上面的分析中,T_2 和 T_3 管工作在甲乙类状态下,但为了简化分析,我们认为两管在静态时基本处于截止状态,按乙类功率放大器分析处理。

kΩ 电路的主要性能指标有:

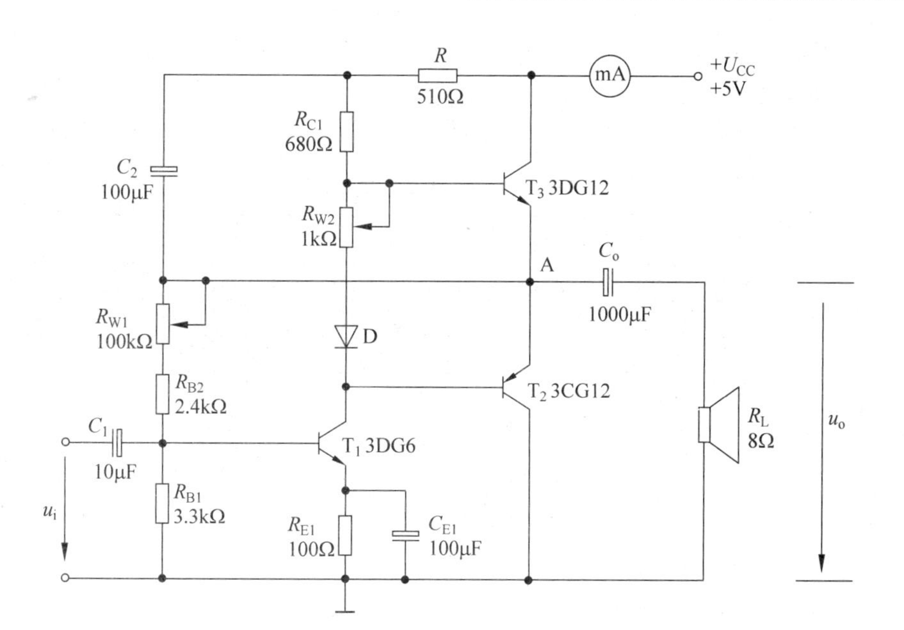

图 3-3-1 OTL 功率放大电路

1）输出功率

$$P_o = \frac{U_o^2}{2R_L} = \frac{(U_{CC}/2 - U_{CES})^2}{2R_L} \tag{3-3-1}$$

2）最大不失真输出功率 P_{omax}

$$P_o = \frac{U_{omax}^2}{2R_L} \tag{3-3-2}$$

理想情况下，忽略管子的饱和压降 U_{CES} 有：$U_o \approx U_{CC}/2$，则

$$P_{omax} = \frac{U_{CC}^2}{8R_L} \tag{3-3-3}$$

在实验中可通过测量 R_L 两端的最大不失真输出电压有效值，来求得实际的 P_{omax}。

3）效率 η

提供给负载的交流功率与电源提供的直流功率之比称为效率。

$$\eta = \frac{P_{omax}}{P_E} \times 100\% \tag{3-3-4}$$

$$P_E = V_{CC} I_{DC} \tag{3-3-5}$$

在实际实验中，可测量电源输出端电流 I_{DC}，从而求得直流电源供给的功率 P_E，负载上的交流功率已用上述方法求出，由此可以计算实际效率。理想情况下 η=78.5%。

3. 预习要求

（1）预习教材中有关 OTL 功率放大器的内容。

（2）分析图 3-3-1 所示电路中各三极管的工作状态及交越失真的情况。

（3）电路中若不加输入信号，T_2、T_3 管的功耗是多少？

（4）估算实验电路的最大不失真输出功率和效率。

（5）采用软件 NI Multisim 10 对 OTL 功率放大电路进行仿真，仿真电路图如图 3-3-2 所示，注意：三极管 3DG6、3DG12 和 3CG12 在 NI Multisim 中需要用 2N2222、2SC2001 和

2SA952 型号代替。

4. 实验设备与器件

本次实验所需设备和器件如表 3-3-1 所示。

表 3-3-1 实验设备和器件

序号	仪器或器件名称	型号或规格	数量
1	数字系统设计实验箱	TH-SZ	1
2	函数信号发生器	SU3050DDS	1
3	示波器	VP-5565D	1
4	万用表	MY61	1
5	低频功率放大器电路板	MG-11A	1
6	连接线	2 号线	若干
7	安装 NI Multisim 10 的计算机		1

5. 计算机仿真实验内容

1）静态工作点调整与测量

按图 3-3-1 构建仿真电路，令 $u_i=0$，在电源输出端串入万用表 XMM2，设置为直流电流档，测量电流 I_{DC}，在 T_2、T_3 管的输出端 A 点接入万用表 XMM1，设置为直流电压档，仿真电路如图 3-3-2 所示。电位器 R_{W2} 置为最小值，调节 R_{W1} 使 A 点电压为 $0.5V_{CC}=2.5V$，即万用表 XMM1 的读数为 2.5V。反复调节 R_{W1} 与 R_{W2}，使电源的输出电流即万用表 XMM2 的读数为 5mA 左右，这时测量 T_1、T_2 与 T_3 管静态工作点，仿真结果记入自己设计的表格中。

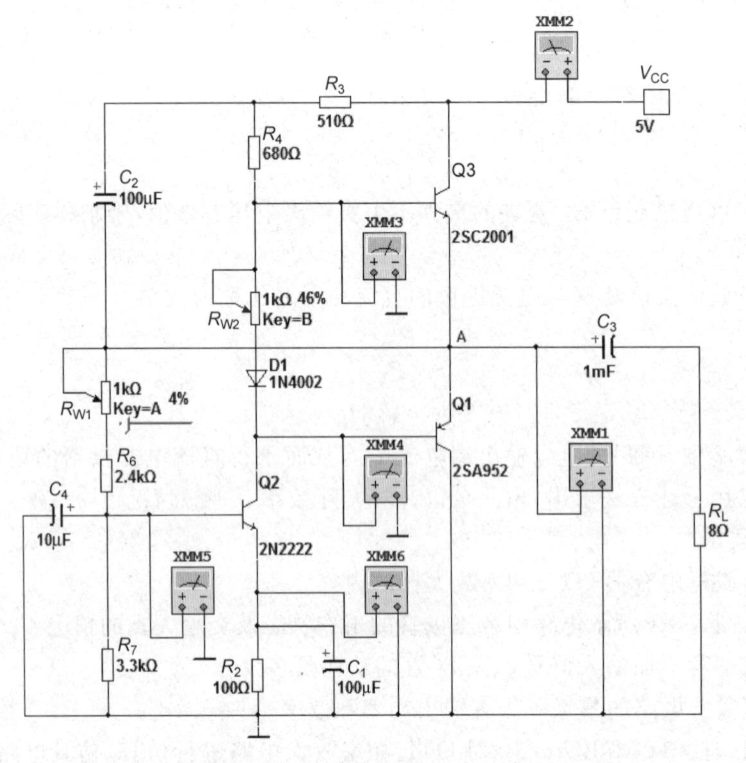

图 3-3-2 OTL 功率放大器静态仿真电路

2）动态调测

① 动态电路设置。在图 3-3-2 仿真电路的输入端接入频率为 1kHz、有效值为 10mV 的正弦信号，用示波器观察 T_1、T_2、T_3 管及 R_L 上的波形，仿真电路如图 3-3-3 所示。

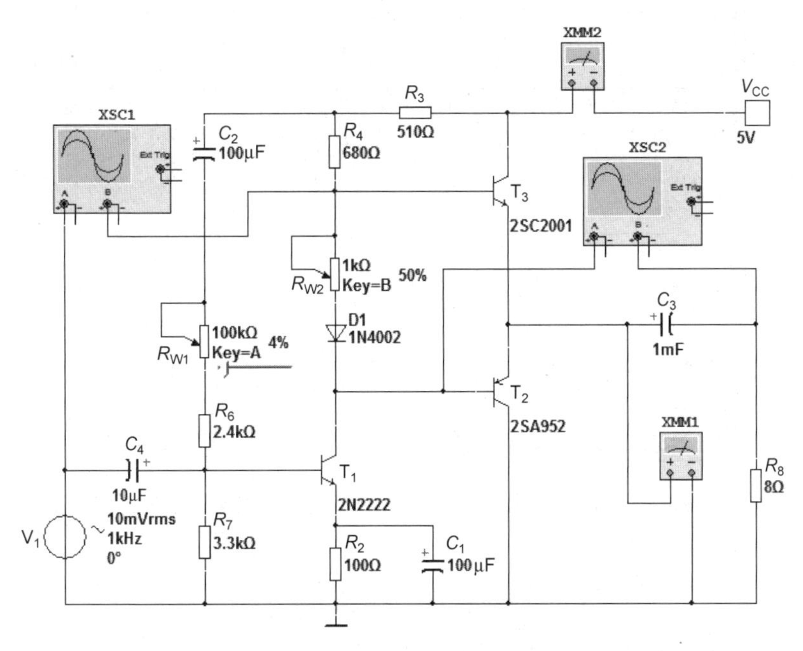

图 3-3-3　OTL 功率放大器动态仿真电路

② 求动态参数。加大输入信号的幅度，使负载上的输出波形刚好出现临界失真状态，此时的输出电压为最大不失真电压，用万用表或示波器测量 U_{omax}，代入公式(3-3-2)，求得最大输出功率 P_{omax}；用万用表的直流电流档测量直流电源输出端电流 I_{DC}，代入公式(3-3-5)，求得 P_E，把 P_{omax}、P_E 代入公式(3-3-4)中求得效率 η。

③ 观察交越失真。调整图 3-3-3 所示电路中的 R_{W2}，使其接入电阻减小，从 XSC2 示波器中可以观察到输出波形在零点附近出现失真，即交越失真，如图 3-3-4 所示。

6. 实验室操作实验内容

1）按图 3-3-5 所示实验电路板连接实验电路，串入万用表（直流电流挡），电位器 R_{W2} 置为最小值，R_{W1} 置中间位置，接通＋5V 电源。

2）调静态工作点：令 $u_i=0$，调节 R_{W1} 使 A 点电压为 $0.5V_{CC}=2.5V$。调节 R_{W2}，使万用表直流电流档的读数为 5mA 左右。测量各级静态工作点，记入表 3-3-2 中。

表 3-3-2　各级静态工作点测量值

三极管 电压	T_1	T_2	T_3
U_B/V			
U_C/V			
U_E/V			

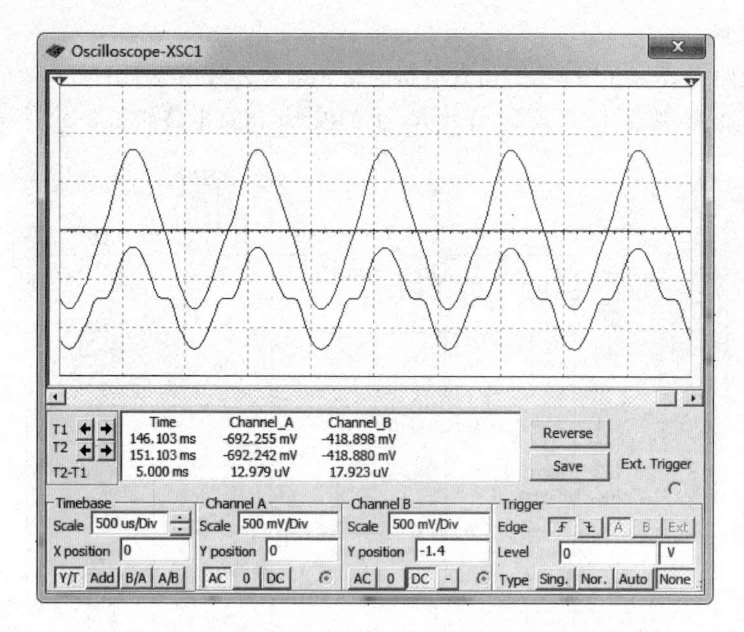

图 3-3-4　T_2 管输入与输出波形(负载的波形出现交越失真)

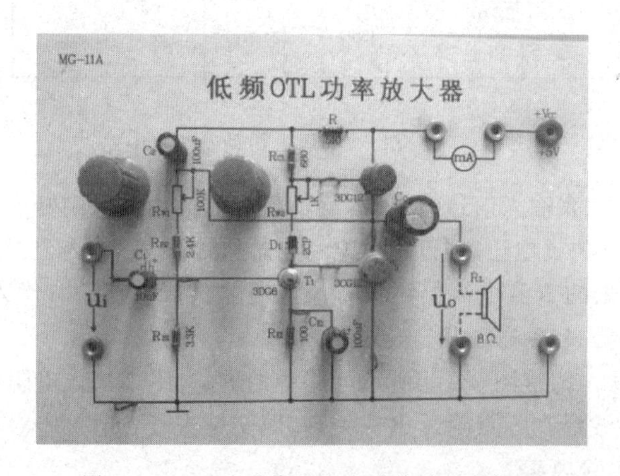

图 3-3-5　OTL 功率放大电路线路板实物图

3) 在输入端接入频率为 1kHz、有效值为 10mV 的正弦信号,输出端接负载电阻 $R_L=8\Omega$,用示波器观察 T_1、T_2、T_3 管及 R_L 上的波形(用 DC 耦合方式),并记入表 3-3-3 中。

表 3-3-3　功率放大电路各级输出波形

T_1 管输出波形	T_2 管输出波形	T_3 管输出波形	R_L 两端波形

4) 最大不失真输出功率 P_{omax} 和效率的测试

(1) 输入端接 1kHz 的正弦信号 u_i,输出端用示波器观察输出电压 u_o 的波形。逐渐增大 u_i,使输出电压达到临界失真状态,即为最大不失真输出,用示波器测出负载 R_L 上的电压有效值 U_{omax},则可计算出最大输出功率 $P_{omax}=\frac{U_{om}^2}{R_L}$;用万用表的直流电流挡测直流电源

输出端电流 I_{DC}，代入公式(3-3-5)，即可计算出 P_E。将 U_{om}、P_E 与 P_{omax} 填入自制的表格中并计算出效率 η。

(2) 观察交越失真波形。

保持最大不失真功率时输入信号大小不变，调节 R_{W2} 的位置，观察并记录输出信号发生交越失真时的波形。

7. 注意事项

(1) 通电之前检查直流电源是否是 5V。

(2) 在整个测试过程中，电路不应有自激现象。实验过程中要不断用手触摸输出级三极管，若电流过大，或三极管温升显著，应立即断开电源检查原因(如 R_{W2} 开路、电路自激或三极管性能不好等)。

(3) 在调整 R_{W2} 时，要注意旋转方向，不要调得过大，更不能开路，以免烧坏输出管。

(4) 输出管静态电流调整好之后，保持 R_{W2} 的位置不再旋转。

(5) 负载 R_L 可以开路，但不能短路。

(6) 在测量最大不失真输出功率 P_{omax} 时，必须在输出不失真的情况下才有意义。

8. 常见故障及解决方法

故障现象 1：电路板烧坏。

解决方法：(1) 检查电源电压是否 5V，若加 12V，则三极管易烧坏。

(2) 检查 R_{W2} 是否开路。

故障现象 2：输出波形发生截止失真或饱和失真。

解决方法：检查输入信号是否过大。

故障现象 3：输出波形交越失真。

解决方法：调整静态工作点，是否在实验过程中无意碰到 R_{W2}。

9. 思考题

(1) 如果功放的静态工作电流过大，应如何处理？

(2) 交越失真产生的原因是什么？怎样克服交越失真？

(3) 为了不损坏输出管，调试中应注意什么问题？

(4) 试估计电压放大倍数及最大不失真功率时对应输入电压大小。

(5) 如果电路中电位器 R_{W2} 开路或短路，对电路工作有何影响？

(6) 为什么引入自举电路能够扩大输出电压的动态范围？

3.4 集成运算放大器基本运算电路的测试与设计

1. 实验目的

(1) 理解运算放大器的“虚短”和“虚断”等概念，掌握理想运算放大器的基本分析方法。

(2) 了解集成运算放大电路的三种输入方式及电压传输特性。

(3) 熟悉集成运放的双电源供电方式和使用方法。

(4) 巩固由集成运放组成的深度负反馈条件下线性运算放大器电路的测量和调试方法。

(5) 了解集成运算放大器在实际应用时应考虑的一些问题。

2. 实验原理

集成运算放大电路(简称集成运放)是一种高增益的多级直接耦合放大电路,目前集成运放已经成为线性集成电路中品种和数量最多的一类。其中通用型运算放大器是应用最为广泛的集成运放,它是以通用为目的而设计的,其主要特点是价格低廉、产品量大面广,其性能指标能适合于一般性使用,例如 μA741(单运放)、LM358(双运放)和 LM324(四运放)等。本实验以 μA741 单运放为核心元件构成的基本运算电路,并测试其性能指标。

集成运放有两个输入端,根据输入信号的不同接入形式,有同相输入、反相输入和差分输入三种输入方式。由于集成运放具有高增益,所以它组成运算电路时,必须工作在深度负反馈状态,此时输出电压与输入电压的关系仅取决于反馈电路的结构与参数,因此,把它与不同的外部电路连接来构成比例放大、加、减、积分、微分、对数和乘除等模拟运算功能电路。

集成运放在闭环条件下,采用理想化模型,即"虚短"和"虚断"两个原则分析的结果,误差在工程允许范围之内。

集成运放的电压传输特性,即输入输出的函数关系。集成运放输出信号的大小受放大电路的最大输出幅度的限制,其输入输出只在一定范围内是保持线性关系的。

在常温下,当输入信号为零时,由于实际运放内部输入级差分电路参数不完全对称,其输出电压并不为零,该电压称为输出失调电压,为了使集成运放的输出电压为零,在输入端加上的反向补偿电压叫作输入失调电压 U_{IO},高质量运放的输入失调电压一般在 1mV 以下。

1) 反相比例运算电路

反相比例运算电路的基本电路结构如图 3-4-1 所示。输入信号从反相输入端输入,根据分析理想运放的两个原则"虚短"和"虚断",得出它的输出电压与输入电压之间的关系为

$$u_o = -\frac{R_f}{R_1}u_i \tag{3-4-1}$$

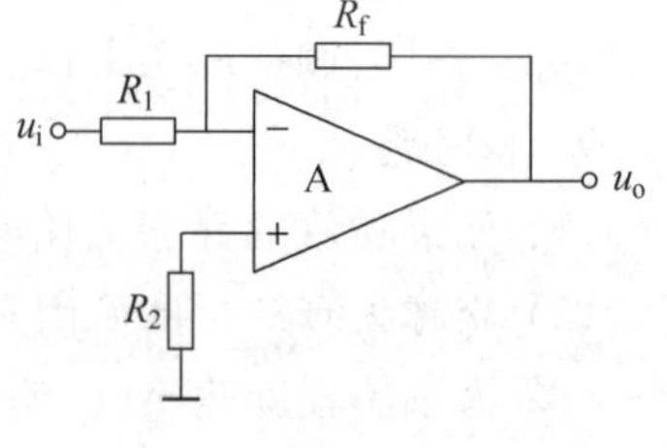

图 3-4-1　反相比例运算电路

因此,得出闭环电压放大倍数为

$$A_u = \frac{u_o}{u_i} = -\frac{R_f}{R_1} \tag{3-4-2}$$

反相比例运算电路的输出电压与输入电压之间成比例关系,相位相反。选择不同的 R_f 与 R_1 的比值,A_u 可以大于 1,也可以小于 1。增益确定后,R_f 与 R_1 比值即可以确定。在选定其值时要注意:R_f 与 R_1 不要过大,否则会引起较大的失调温漂;但也不要过小,否则无法满足输入阻抗的要求。一般 R_1 取值为几十千欧到几百千欧。若 $R_1=R_f$ 时,则放大器的输出电压与输入电压的负值相等。此时,电路具有反相跟随的作用,称之反相器或反号器,如图 3-4-2 所示。

反相比例运算电路主要特点如下:

(1) 集成运放的反相输入端为虚地点,集成运放的共模输入电压近似为 0,故这种电路对运放的共模抑制比 K_{CMRR} 要求低。

(2) 由于是并联负反馈，输入电阻低，$R_i = R_1$。由于是电压负反馈，输出电阻小，$R_o \approx 0$，带负载能力强。

2) 同相比例运算电路

输入信号从同相输入端引入的运算，即是同相运算，电路如图 3-4-3 所示。并且为了消除平均偏置电流及漂移造成的误差，须在同相端接入平衡电阻 R_2，其值应与反相端的外接等效电阻相等，即要求 $R_2 = R_1 /\!/ R_f$。

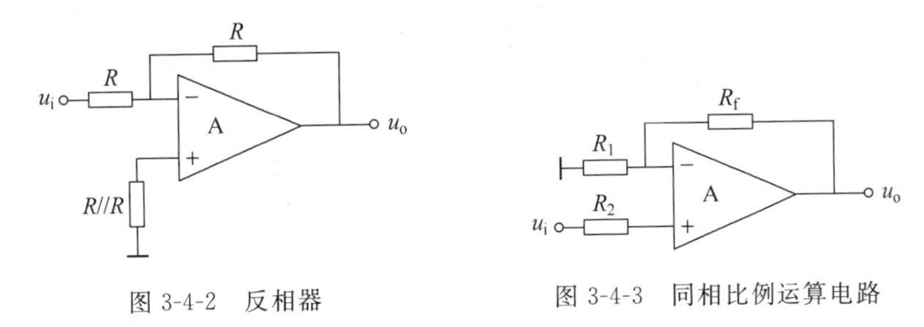

图 3-4-2　反相器　　　图 3-4-3　同相比例运算电路

根据分析理想运放的两个原则“虚短”和“虚断”，得出它的输出电压与输入电压之间的关系为

$$u_o = \left(1 + \frac{R_f}{R_1}\right) u_i \tag{3-4-3}$$

因此得出电压放大倍数为

$$A_{uf} = \frac{u_o}{u_i} = 1 + \frac{R_f}{R_1} \tag{3-4-4}$$

同相比例运算电路的输出电压与输入电压之间成比例关系，相位同相。其主要特点如下：

(1) 集成运放的共模输入电压 $u_+ \approx u_- = u_i \neq 0$，电路不存在虚地，若为提高运算精度，则应选择 K_{CMRR} 高的运放。

(2) A_{uf} 总是大于或等于 1，不会小于 1，这点和反相比例运算不同。输入电阻高，输出电阻小，$R_{of} \approx 0$，带负载能力强。

当 $R_1 = \infty$(断开)或 $R_f = 0$ 时，则电压放大倍数为

$$A_{uf} = \frac{u_o}{u_i} = 1 \tag{3-4-5}$$

这就是电压跟随器或同号器，它有两种电路形式，如图 3-4-4 所示。

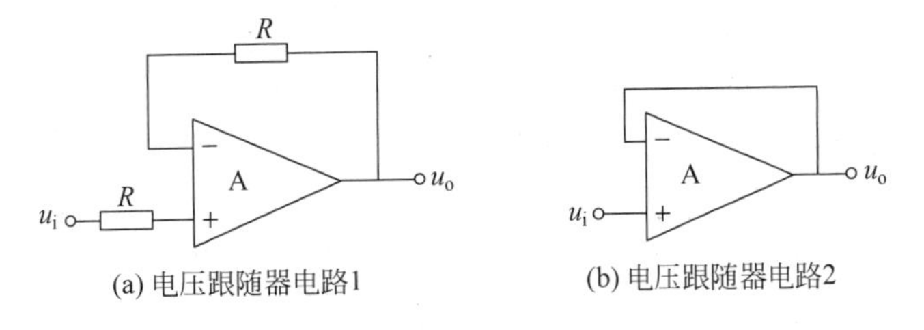

(a) 电压跟随器电路1　　(b) 电压跟随器电路2

图 3-4-4　电压跟随器(同号器)电路图

电压跟随器的电压放大倍数为 1。其特点是输入阻抗高，输出阻抗低，一般来说，输入阻抗可以达到几兆欧姆，输出阻抗通常可以到几欧姆，甚至更低。电压跟随器起到缓冲、隔

离和提高带载能力的作用。

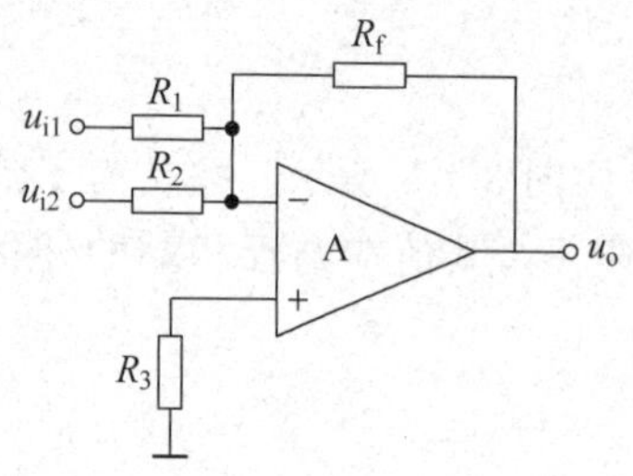

图 3-4-5　反相加法运算电路图

3）反相加法运算电路

如图 3-4-5 所示，通过该电路可实现信号 u_{i1} 和 u_{i2} 的反相加法运算，为了消除平均偏置电流及漂移造成的误差，须在同相端接入平衡电阻 R_3，其值应与反相端的外接等效电阻相等，即要求 $R_3=R_1/\!/R_2/\!/R_f$。

根据分析理想运放的两个原则"虚短"和"虚断"，得出它的输出电压与输入电压之间的关系为

$$u_o=-\frac{R_f}{R_1}(u_{i2}+u_{i1}) \tag{3-4-6}$$

当 $R_f=R_1$ 时，得出它的输出电压与输入电压之间的关系为

$$u_o=-(u_{i2}+u_{i1}) \tag{3-4-7}$$

4）μA741 集成运放简介

μA741 是通用型集成运放，直插式实物如图 3-4-6(a)所示，贴片式实物如图 3-4-6(b)所示，引脚排列如图 3-4-6(c)所示，它为双电源供电，7 引脚接正电源，4 引脚接负电源，6 引脚为输出端，输出电压由输出端和地之间获得，有两个输入端，同相输入端 3 引脚和反向输入端 2 引脚，1 引脚和 5 引脚为调零端，8 引脚为空脚。可以替代 μA741 的运放有 LM741、μA709、LM301、LM308、LF356、OP07 和 OP37 等。

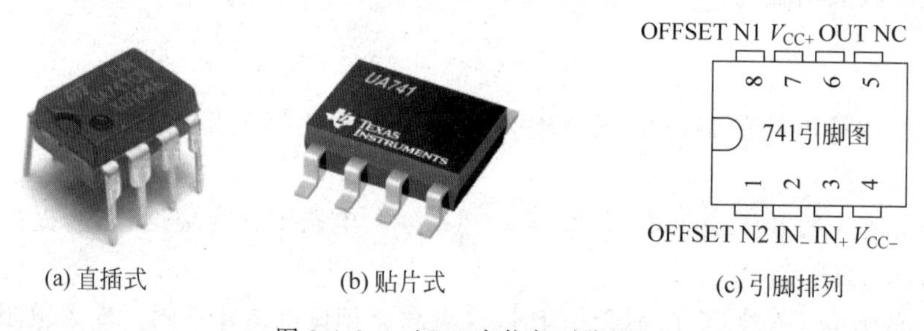

(a) 直插式　(b) 贴片式　(c) 引脚排列

图 3-4-6　μA741 实物与引脚图

3. 预习要求

(1) 认真复习各种运算电路的原理与应用的有关内容。
(2) 根据实验电路的参数，计算各电路输出电压的理论值。
(3) 查阅集成运放 μA741 的性能指标和引脚分布。
(4) 对实验内容进行仿真分析。
(5) 熟悉所用仪器仪表的型号、规格、量程及使用方法。

4. 实验设备与器件

本次实验所需设备和器件如表 3-4-1 所示。

表 3-4-1　实验设备与器件

序号	仪器或器件名称	型号或规格	数量
1	数字系统设计实验箱	TH-SZ	1
2	函数信号发生器	SU3050DDS	1

续表

序号	仪器或器件名称	型号或规格	数量
3	示波器	VP-5565D	1
4	万用表	MY61	1
5	集成运算电路板	MG-4A	1
6	连接线	2 号线	若干
7	安装 NI Multisim 10 的计算机		1

5. 计算机仿真实验内容

1）反相比例放大电路

（1）输出失调电压的测量

图 3-4-7 与图 3-4-8 为反相比例运算电路的输出失调电压测试电路。

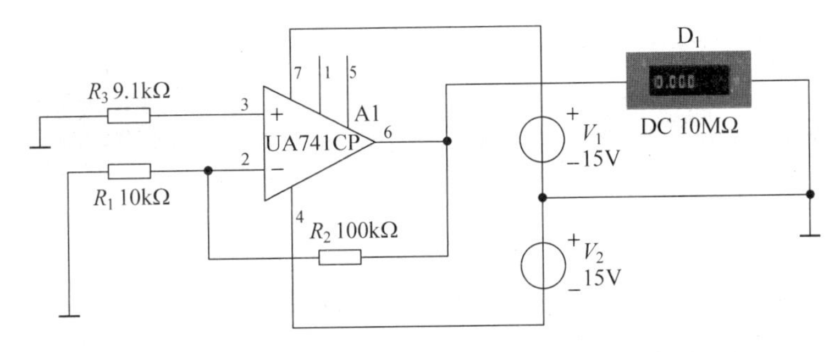

图 3-4-7 μA741CP 输出失调电压的测试电路图

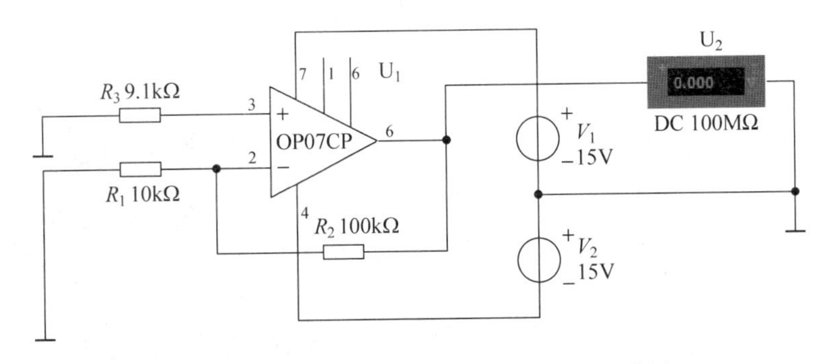

图 3-4-8 OP07CP 输出失调电压的测试电路图

观察图 3-4-7 与图 3-4-8 可以发现，μA741CP 与 OP07CP 都是 8 引脚单运放器件，二者输入、输出和电源引脚一致。μA741CP 的 1、5 引脚、OP07CP 的 1、8 引脚是调零端。在 NI Multisim 10 仿真软件中没有对调零端给予定义，所以不能进行调零。这里只对其输出失调电压进行测量并对比其输出失调电压的大小。

（2）直流信号的测试

在反相输入端加入直流信号，如图 3-4-9 所示，输入 4 组数据，分别测量电路开路、有载时的输出电压、放大倍数、同相端和反相端的电压，填入表 3-4-2 中。

表 3-4-2 反相比例运算电路输入直流信号时的测量数据

U_i/mV	+100	+600	−600	3000
U_{∞}/V				
U_o/V(R_L=2.4kΩ)				
A_{uf}				
$U_{+(同相输入端)}$/mV				
$U_{-(反相输入端)}$/mV				

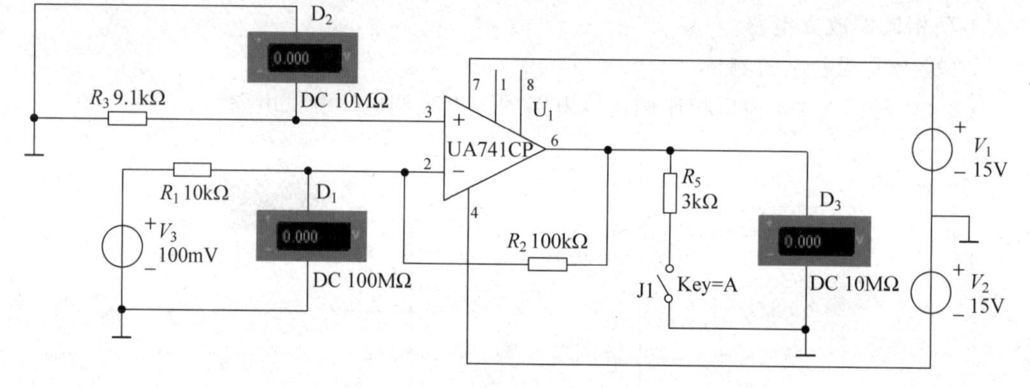

图 3-4-9 反相比例运算电路直流信号测试电路图

(3) 交流信号的测试

在反相输入端的 u_i 处加入频率为 1kHz,峰峰值为 1V 和 3V 的正弦交流信号,电路如图 3-4-10 所示。

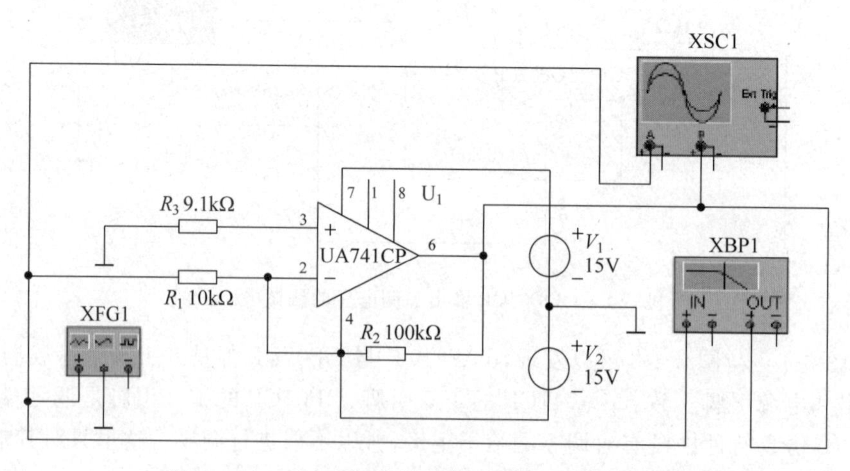

图 3-4-10 反向比例运算电路交流信号测试电路图

用示波器观测输入、输出电压的幅值,并用波特仪测量电路的上限频率,相关波形和数据填入表 3-4-3 中。

表 3-4-3 反相比例运算电路输入交流信号时的测量数据

U_{im}/V	U_{om}/V	A_u	u_i、u_o 波形	f_H/kHz
			u_i、u_o ↑ → t	

2）同相比例放大电路

实验内容与步骤同反相比例运算电路。

3）设计一个模拟加法器，实现 $u_o=-(5u_{i1}+10u_{i2})$ 的运算。

4）设计积分和微分电路。

6. 实验室操作实验内容

1）反相比例运算电路测试

（1）输出失调电压的测量

按图 3-4-11 所示搭建测试电路，具体步骤：①检查实验箱的±15V 电源是否正常。用万用表测量±15V 电源数值是否正确，是否稳定（不稳定引起零漂），无误后，关闭±15V 电压源。②将集成运放正确地插到实验板上（注意集成块上的标记）。③把实验箱上+15V 电压源接到集成块的正电源端（7 引脚），将−15V 电压源接到集成块的负电源端（4 引脚）。④按图 3-4-11 连接其余部分（注意输入端接零参考点）。⑤用导线把实验箱上的"地"电位端与实验电路的"地"电位端相连。检查无误后，再打开实验箱上的±15V 电压源开关，用万用表测量输出电压并记录数据。

（2）直流信号的测试

反相比例运算电路的直流输入信号是把实验箱上的±5V 电源电压用电位器分压获得的，如图 3-4-12 所示。测量有载和无载时的输出电压以及集成运放同相和反相输入端的电压，数据记入表 3-4-4 中。

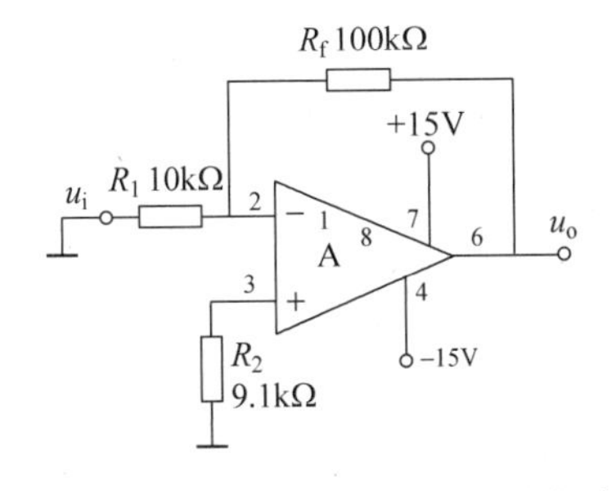

图 3-4-11 输出失调电压的测试电路

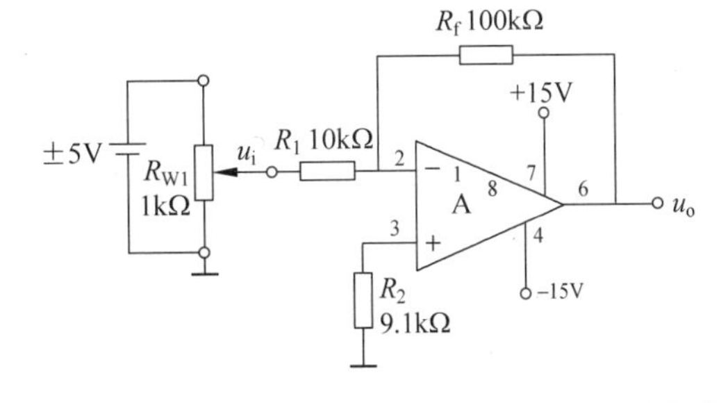

图 3-4-12 反相比例运算电路直流信号的测试电路

表 3-4-4 反相比例运算电路输入直流信号时的测量数据

U_i/mV		+600	1000	−600	3000
U_{∞}/V 负载开路	理论值				
	实测值				
	相对误差				

续表

U_i/mV		+600	1000	−600	3000
U_o/V(R_L=2.4kΩ)	理论值				
	实测值				
A_{uf}	理论值				
	实测值				
	相对误差				
$U_{+(同相输入端)}$/mV	理论值				
	实测值				
$U_{-(反相输入端)}$/mV	理论值				
	实测值				

(3) 交流信号的测试

在图 3-4-12 所示电路的反相输入端 u_i 处加入频率为 1kHz，峰峰值为 1V 和 3V 的正弦交流信号，测量输出电压的峰值 U_{opp}，并用示波器观察 u_i 和 u_o 的相位关系，记入表 3-4-5 中。

表 3-4-5 反相比例运算电路输入交流信号时的测量数据

U_{ipp}/V	U_{opp}/V	u_i 和 u_o 的波形	A_{uf}		
			实测值	理论值	相对误差
		u_i、u_o ↑ → t			

2) 同相比例运算电路的测试

按图 3-4-13 所示连接电路，分别加直流信号和交流信号，与反相比例运算电路的实验内容相同。测得的实验数据记入自己设计的表格中。

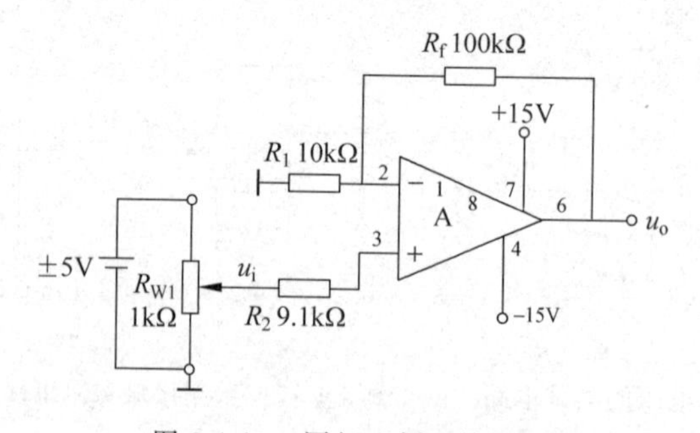

图 3-4-13 同相比例运算电路

3) 设计一个模拟加法器，实现 $u_o=-(5u_{i1}+10u_{i2})$ 的运算。注意平衡电阻的选择。

4) 根据集成运算放大器线路板的条件设计积分和微分电路。

7. 注意事项

(1) 不要带电操作，要严格遵守实验规程。

(2) 检查导线是否有断线或接触不良情况。

(3) 插集成块时，看准型号，并且要认清定位标记，不要插反，集成块 μA741 的上方不能有导线跨越。取出集成块时，应用工具慢慢拔出，以免损伤运放引脚或者扎伤手，如果引脚歪翘，可用钳子修整，以备下次使用。

(4) 运算放大器引脚不要接错，注意防止输出引脚对地或电源短路，电源也不得接反，以免损坏器件。

(5) 为避免外界干扰和仪器串扰，对实验结果带来影响，导致测量误差增大，所有仪器的“地”电位端与实验电路的“地”电位端必须可靠连接在一起，即“共地”。

(6) 函数信号发生器作为信号源，它的输出端不允许短路。

(7) 运算放大器的输入信号可以为直流，也可以选用正弦信号，但在选取信号的频率和幅度时，应考虑运放的频响和输出幅度的限制。

(8) 反相比例运算电路输入电阻低，当需要输入直流电压时，分压的电位器中心抽头应接入反相输入端后再调出需要的电压数值。

(9) 为防止出现自激振荡，始终应用示波器观察输出电压波形。

8. 常见故障及解决方法

故障现象 1：当运放输入直流电压小于 1V 时，输出电压接近正饱和值或负饱和值，即接近所加电源电压 V_{CC}。

解决方法：①这种情况是运放没有工作在闭环状态，用数字万用表检查同相输入端 3 引脚和反向输入端 2 引脚之间的电压 $u_+ - u_-$，相差几百毫伏，不是“虚短”时相差 1mV 左右。当 $u_+ > u_-$ 时，集成运放工作在正向饱和区，输出电压为正饱和值；当 $u_+ < u_-$ 时，集成运放工作在负向饱和区，输出电压为负饱和值，输出电压不再随输入电压线性增长，运放工作在非线性区。如图 3-4-14 和图 3-4-15 所示的反相和同相运算放大电路中的 B 和 F 点处断开或接触不良，以及平衡电阻两端 C 和 D 点处断开或接触不良。②3 引脚对地电位接近电源电压，运放损坏。

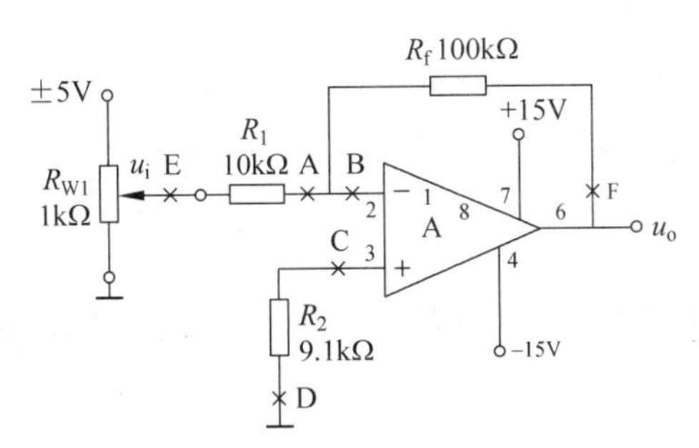

图 3-4-14　反相比例运算电路的故障排查电路

故障现象 2：反相运算电路中，输入电压增加，输出电压始终为零。

解决方法：检查图 3-4-14 中电阻 R_1 两端 A 和 E 点处连接导线是否断开或接触不良。

故障现象 3：同相运算电路中，输入电压与输出电压相等，没实现运算放大。

解决方法：检查图 3-4-15 中电阻 R_1 两端 A 和 E 点处连接导线是否断开或接触不良，运放变成同号器。

故障现象 4：输出不满足要求。

解决方法：①直流电源是否接上或者电源电压数值是否正确(应接±15V，有些同学接入了±5V)。②如直流电源连接正确,可能是直流信号输入时电位器损坏或交流输入时,信号发生器的示数与其输出不符,即信号源根本没有引入,或数值不对。③示波器使用不正确。④引脚连线有误。导线断线或接触不良。检查运放引脚及其连线,使其正确牢固。

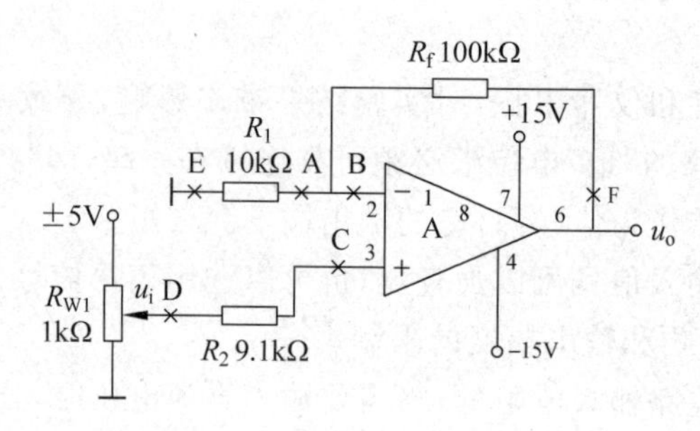

图 3-4-15 同相比例运算电路的故障排查电路

故障现象 5:运放冒烟或有烧焦味

解决方法:①运放的输出端对地短路或与电源端短路;②正负电源接反;③误接入其他数值的电源或输入信号过大;若这几种情况发生,则运放损坏,需要排除故障后,更换运放。当怀疑运放或其他元件损坏时,可以使用替换法进行排查故障。

9. 思考题

(1) 若输入端对地短路,输出电压 $U_o \neq 0$,说明集成运放存在什么问题?

(2) 什么是"虚短"现象?什么是"虚断"现象?什么是"虚地点"?请用实验数据说明。

(3) 运算放大器用作精密放大时,同相输入端对地的直流电阻要与反相输入端对地的直流电阻相等,如果不相等,会引起什么现象,请分析说明。

(4) 什么是集成运算放大器的电压传输特性?集成运算放大器的输入输出成线性关系,输出电压将会无限增大吗?为什么?

(5) 为防止电源极性接反引起运放损坏,可以在电路中采取什么措施?

(6) 本实验用软件 NI Multisim 10 测试的实验数据与在实验室里测试的实验数据是否有区别?为什么?

3.5 RC 串并联网络(文氏桥)振荡器实验

1. 实验目的

(1) 进一步学习 RC 桥式正弦波振荡器的组成及其振荡条件。

(2) 学会用运算放大器构成正弦波振荡电路。

(3) 学会调测振荡电路。

(4) 学会排除在电路调试过程中可能出现的故障。

2. 实验原理

正弦波振荡器是无须输入信号,能自动输出一定幅度、一定频率正弦信号的电路。从能量的角度来看,它是把直流能量转变为交流能量的电路。RC 串并联正弦波振荡器一般用来产生 1Hz～1MHz 的低频信号。

1）RC 桥式正弦波振荡电路

集成运算放大器组成的 RC 串并联桥式正弦波振荡电路如图 3-5-1 所示。其中 R_1、C_1 和 R_2、C_2 为串并联选频网络，接在运算放大器的输出端与同相输入端，构成正反馈，用以产生正弦自激振荡；当开关 K 闭合时，同相放大器的负反馈网络由 R_3、R_W 以及 R_4 与二极管 D_1、D_2 并联组成。

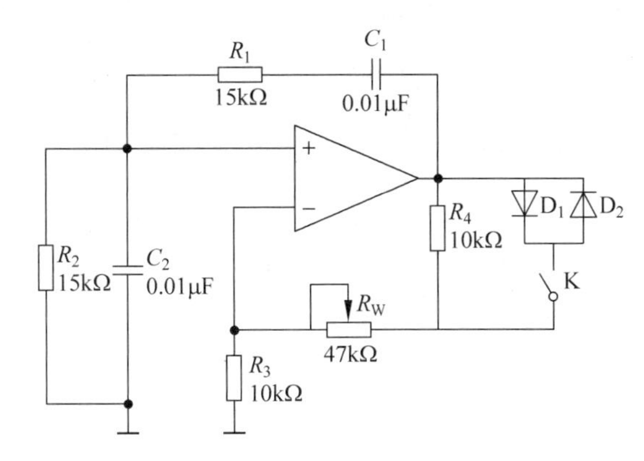

图 3-5-1　集成运算放大器组成的 RC 桥式正弦波振荡电路

（1）RC 串并联选频网络的频率特性

RC 串并联选频网络如图 3-5-2 所示，一般取 $R_1=R_2=R$，$C_1=C_2=C$，令 $\omega_0=1/RC$，所以正反馈的反馈系数为

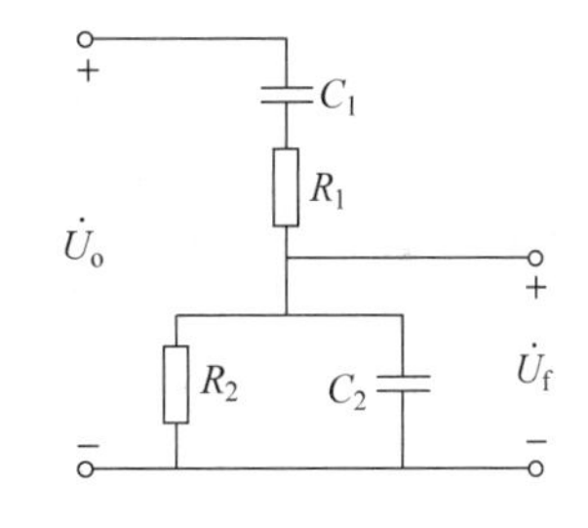

图 3-5-2　RC 串并联选频网络

$$F_{正}=\frac{\dot{U}_f}{\dot{U}_o}=\frac{R\ /\!/\ \dfrac{1}{j\omega C}}{R+\dfrac{1}{j\omega C}+R\ /\!/\ \dfrac{1}{j\omega C}}=\frac{1}{3+j\left(\dfrac{\omega}{\omega_0}-\dfrac{\omega_0}{\omega}\right)} \tag{3-5-1}$$

RC 串并联选频网络的幅频特性和相频特性分别为

$$|F_{正}|=\frac{1}{\sqrt{3^2+\left(\dfrac{\omega}{\omega_0}-\dfrac{\omega_0}{\omega}\right)^2}} \tag{3-5-2}$$

$$\varphi_f(\omega)=-\arctan\frac{\dfrac{\omega}{\omega_0}-\dfrac{\omega_0}{\omega}}{3} \tag{3-5-3}$$

当 $\omega=\omega_0$ 时有：$|F_{正}|=\dfrac{1}{3}$，相移 $\varphi_f(\omega)=0°$，如图 3-5-3 所示，此时满足振荡的相位平衡条件，振荡频率为

$$f_0=\frac{1}{2\pi RC} \tag{3-5-4}$$

（2）起振条件和振荡频率

由图 3-5-1 可知，当 $\omega=\omega_0=1/RC$ 时，经选频网络反馈到运算放大器同相输入端的电压 $\dot{U}_f$ 与输出电压 $\dot{U}_o$ 同相，满足自激振荡的相位条件，如果此时负反馈放大增益 $A_{uf}>3$，则满足 $A_{uf}F_{正}>1$，则放大电路的增益 $A_{uf}=\dot{U}_o/\dot{U}_f=(R_3+R_f)/R_3>3$。故起振的幅值条件为

$R_f/R_3>2$。

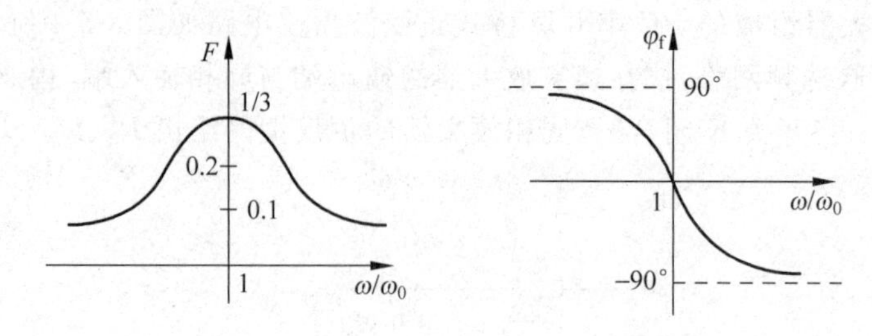

图 3-5-3 RC 串并联选频网络的频率特性

(3) 稳幅措施

为了稳定振荡幅度，通常在负反馈的回路里加入非线性元件，以自动调整负反馈放大电路的增益，从而维持输出电压的稳定。在图 3-5-1 中，反馈电阻为 $R_f=R'_W+R_4 /\!/ r_D$（R'_W为 R_W 接入电路的部分），调节 R_W 可以改变负反馈的反馈系数 $F_{负}=1/A_{uf}=U_f/U_o=1+R_f/R_3$，从而调节放大电路的电压增益，满足振荡的幅度条件并改善波形。R_4 和二极管 D_1、D_2 并联的作用是输出稳幅，当输出电压很小时，二极管两端电压小，二极管不导通，二极管内阻很大，等效电阻 $R_f=R'_W+R_4 /\!/ r_D$ 较大，$A_{uf}=U_o/U_f=(R_3+R_f)/R_3$ 也较大，有利于起振；当输出电压增大到一定程度时，D_1、D_2 导通，二极管内阻减小，R_f 减小，A_{uf}随之下降，输出电压的幅值趋于稳定。

如果 A_{uf}远大于 3，则放大电路工作在非线性区，输出波形将出现失真。

3. 预习要求

(1) 复习教材有关 RC 振荡器的结构与工作原理。

(2) 计算原理图中符合振荡条件的 R_W 值及振荡频率 f_0。

(3) R_W 值调得过大或过小对电路的工作有何影响？对输出波形有何影响？

(4) 如何使用示波器来测量电路的输出信号幅度和频率。

(5) 在图 3-5-4 仿真电路中，开关 $J1$ 断开与不断开时的输出电压有何不同？说明二极管在电路中稳幅的工作原理。

4. 实验设备与器件

本次实验所需的设备和器件如表 3-5-1 所示。

表 3-5-1 实验所需设备和器件

序号	仪器或器件名称	型号或规格	数量
1	数字系统设计实验箱	TH-SZ	1
2	函数信号发生器	SU3035DDS	1
3	示波器	VP-5565D	1
4	数字万用表	MY61	1
5	RC 振荡器电路板	MG-4A	1
6	安装 NI Multisim 10 的计算机		1

5. 计算机仿真实验内容

二极管接入电路的 RC 正弦波振荡器仿真电路如图 3-5-4 所示，电源为±15V。这里的电阻误差默认为零。

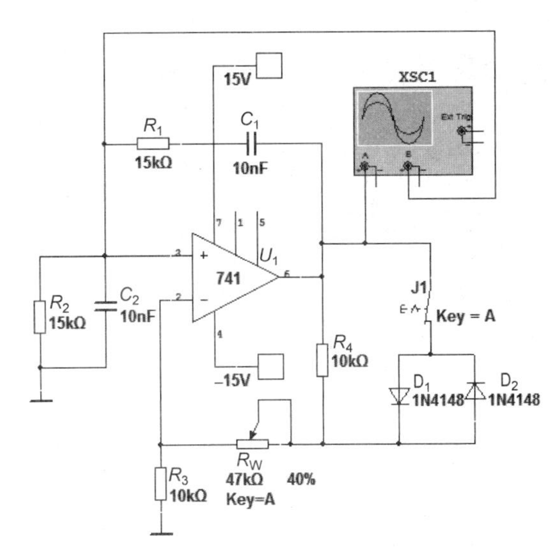

图 3-5-4　RC 正弦波振荡器仿真电路

(1) 把电位器调整的递增量调为 1%，开关 J1 闭合，慢慢调整 R_W，使输出波形从无到有，从正弦波到出现失真，记录临界起振、正弦波输出及失真情况下 R'_W 的值，分析负反馈强弱对起振条件及输出波形的影响。振荡器起振过程中 $\dot{U}_o$ 与 $\dot{U}_f$ 的波形如图 3-5-5 所示。

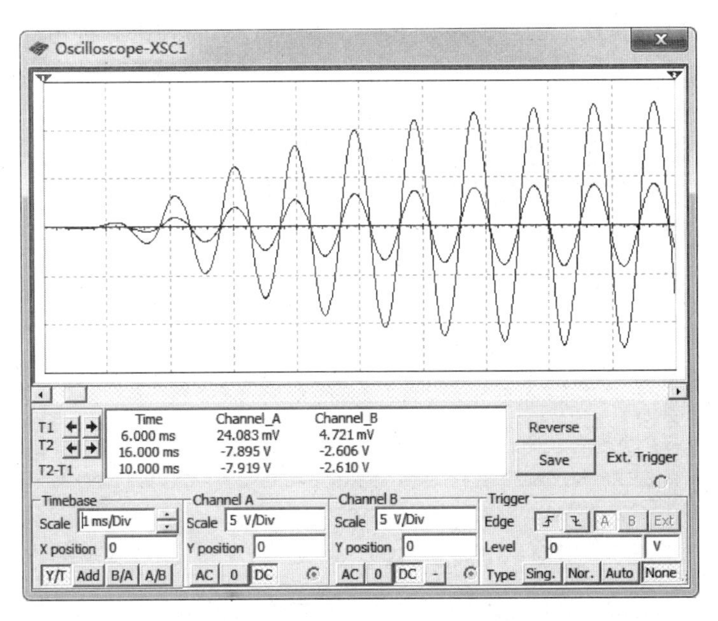

图 3-5-5　振荡器起振过程中 $\dot{U}_o$ 与 $\dot{U}_f$ 的波形

（2）仔细调整电位器 R_W，使电路输出较好的不失真输出波形，振荡器处于稳定状态时，$\dot{U}_o$ 与 $\dot{U}_f$ 的波形如图 3-5-6 所示。测量输出波形的幅度和频率，以及此时 R_W 接入电路的电阻值，分析电路的振荡条件。

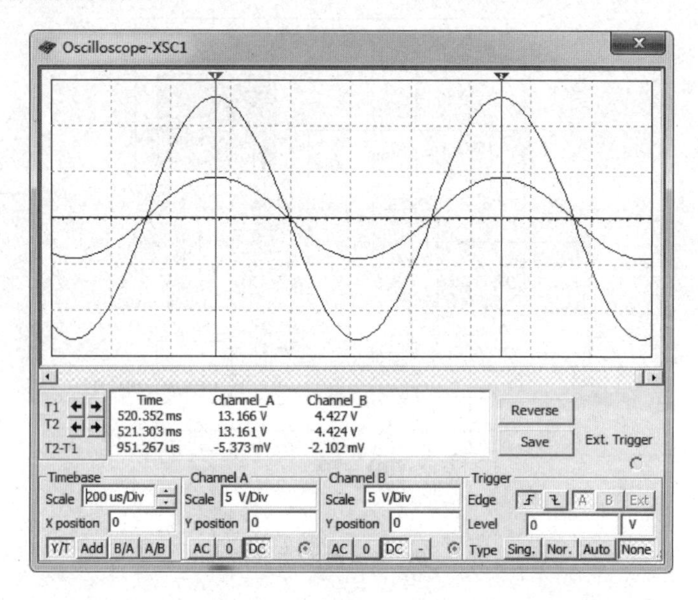

图 3-5-6　振荡器处于稳定状态 $\dot{U}_o$ 与 $\dot{U}_f$ 的波形

从图 3-5-6 可以看出，振荡周期为 $T_0=0.951\text{ms}$，频率为 $f_0=1/T_0=1/951.267\times10^{-6}\approx1.051\text{kHz}$；$\dot{U}_o$ 与 $\dot{U}_f$ 的相位相同，$U_o=U_{om}/\sqrt{2}=13.166/\sqrt{2}=9.311\text{V}$，$U_f=U_{fm}/\sqrt{2}=4.427/\sqrt{2}=3.131\text{V}$；正反馈的反馈系数 $F=\dot{U}_f/\dot{U}_o\approx1/3$，与理论分析相符。

（3）增加 R_W，当 A_{uf} 远大于 3 时，放大电路工作在非线性区，输出波形出现失真，如图 3-5-7 所示。

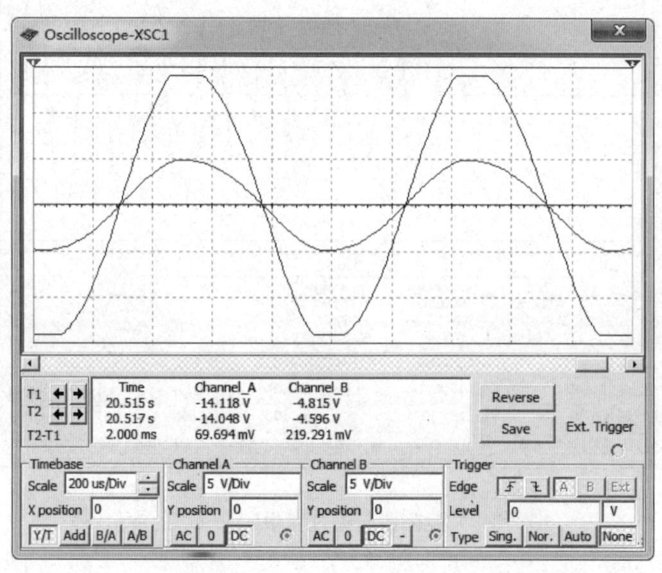

图 3-5-7　振荡器 A_{uf} 远大于 3 时 $\dot{U}_o$ 与 $\dot{U}_f$ 的波形出现失真

(4) 将二极管断开,观察输出波形有何变化。

(5) 调整电阻的误差为1%,更换电容值为0.1μF,即100nF,重复步骤(1)、(2)、(3)和(4)。

6. 实验室操作实验内容

(1) 在断电的情况下,按图3-5-1所示连接电路。闭合开关K,调节R_W,使输出波形从无到有,从正弦波到失真输出,用示波器观测输出电压u_o波形的变化,解释所观察到的现象。在输出波形不失真的情况下,使电路输出较大的正弦波,记录波形及其参数,填入表3-5-2中。

表3-5-2 输出电压u_o波形及其参数的测量值

R	u_o波形	U_o的值	u_o的频率f_0	频率的理论计算值
15kΩ				
15kΩ//20kΩ				

(2) 改变R值,在R旁边并联20kΩ的电阻,观察振荡频率的变化情况,在输出波形不失真的情况下,记录波形及其参数,填入表3-5-2中。

(3) 将二极管断开,观察输出波形有何变化。说明二极管的作用。

(4) 观察RC串并联网络的幅频特性。将RC串并联网络与放大器断开,打开函数信号发生器,使其输出正弦信号,并注入RC串并联网络,保持输入信号的幅度不变(约3V),调整函数信号发生器的输出频率,使其由低到高变化,观察RC串并联网络输出幅值,并注意其随频率变化的规律。当信号源处于某一频率附近时,RC串并联网络的输出会达到最大值(1V左右),且输入、输出同相位,此时信号源频率为$f=f_0=1/2\pi RC$。

7. 注意事项

(1) 不要带电操作,要严格遵守实验规程。

(2) 检查导线是否有断线或接触不良的情况。

(3) 运放电源极性不得接反,以免损坏器件。

(4) 为避免外界干扰和仪器串扰,对实验结果带来影响,导致测量误差增大,所有仪器的"地"电位端与实验电路的"地"电位端必须可靠连接在一起,即"共地"。

(5) 函数信号发生器作为信号源,它的输出端不允许短路。

8. 常见故障及解决方法

故障现象1:调节R_W后仍然没有输出波形。

解决方法:①检查给放大电路供电的一对直流电源数值是否正确。②检查放大电路是否构成闭环。方法见实验3.4中的常见故障及解决方法。③检查RC串并联选频网络本身是否连接正确;是否接在运算放大器的输出端与同相输入端,构成正反馈。

故障现象2:振荡频率与计算值不符。

解决方法:①检查RC串并联选频网络中所选的电阻、电容的数值是否与要求的一致。②检查在代入公式的计算过程中是否出错。

9. 思考题

(1) 负反馈支路中的电阻R_4与两个二极管并联,又与R_W串联,该支路能起到什么作用?

(2) 如果实验中电路不起振,应如何调节?

(3) 如果输出波形失真,应如何调节?

(4) 为保证振荡电路正常工作,电路参数应满足哪些条件?

(5) 振荡频率的变化与电路中的哪些元件有关?

3.6 负反馈放大电路实验

1. 实验目的

(1) 掌握两级阻容耦合放大电路静态工作点的调试方法。

(2) 加深理解放大电路中引入负反馈的方法。

(3) 加深理解负反馈对放大器各项性能指标的影响。

(4) 掌握测量多级放大电路的放大倍数、输入电阻、输出电阻和通频带宽的方法。

2. 实验原理

负反馈在电子电路中有着非常广泛的应用,几乎所有的实用放大器都带有负反馈。虽然它降低了放大器的放大倍数,但能改善放大器的动态指标,如稳定放大倍数,改变输入、输出电阻,减小非线性失真和展宽通频带等。负反馈放大器有四种组态,即电压串联、电压并联、电流串联和电流并联反馈。本实验以电压串联负反馈为例,分析负反馈对放大器各项性能指标的影响。

反馈就是把放大器输出量(电压或电流)的一部分或者全部,以一定的方式送回输入端,从而影响输出量的方法。若加入反馈之后,使得放大器的净输入信号减小,从而引起输出信号减小,这样的反馈称为负反馈;若使得净输入信号增加,从而使得输出信号增加,这样的反馈称为正反馈。为了改善放大电路的性能,一般引入负反馈。直流负反馈通常只起到稳定静态工作点的作用,而交流负反馈可以改善放大电路的性能,但是以牺牲电路放大倍数为代价。根据反馈网络与输入端、输出端的连接关系可分为以下四种基本形式:

(1) 电压串联负反馈:特点是能够稳定输出电压,增大输入电阻。

(2) 电压并联负反馈:特点是能够稳定输出电压,减小输入电阻。

(3) 电流串联负反馈:特点是能够稳定输出电流,增大输入电阻。

(4) 电流并联负反馈:特点是能够稳定输出电流,减小输入电阻。

本实验研究其中一种反馈形式,图 3-6-1 是带有负反馈的两级阻容耦合放大电路的实验电路,在电路中通过 R_f 把输出电压 u_o 引回到输入端,加到晶体管 T_1 的发射极上,在发射极电阻 R_{E1} 上形成反馈电压 u_{of}。根据反馈的判断法可知,它属于电压串联负反馈。

负反馈电路若要正常工作,首先必须对两级放大电路各自设置合理的静态工作点,由于两级电路是阻容耦合方式,因此两级静态工作点互不干扰,静态工作点的调节方法见实验 3.1。

对于两级阻容耦合放大电路而言,没有级间负反馈时,总的电压放大倍数为两级放大电路放大倍数的乘积,总的输入电阻为第一级放大电路的输入电阻(第二级放大电路的输入电阻可看作第一级放大电路的负载)。总的输出电阻为第二级放大电路的输出电阻(第一级放大电路可以看作第二级放大电路的信号源)。当存在级间深度负反馈时,放大倍数、输入输出电阻都会发生变化,在本电路中级间存在电压串联负反馈,使放大倍数降低,输入电阻增加，输出电阻降低，通频带变宽等。这几个参数的测量与实验 3.1 的测试方法一致，此处不再赘述。

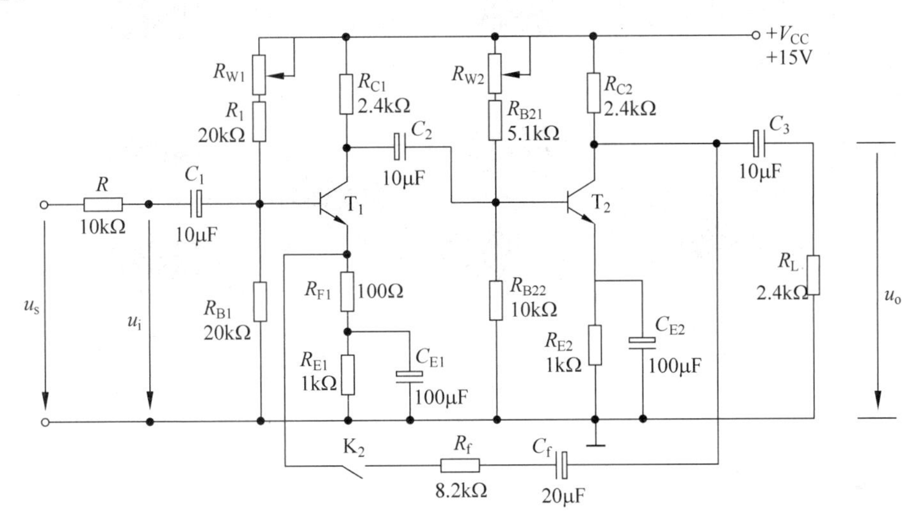

图 3-6-1 带有电压串联负反馈的两级阻容耦合放大电路

3. 预习要求

(1) 复习教材中有关分压式偏置放大电路的原理及内容，掌握不失真放大电路的调整方法。

(2) 复习负反馈的基本概念、类型和性能，熟悉电压串联负反馈的工作原理及对电路性能的影响。

(3) 按实验电路图 3-6-1 估算放大器的静态工作点(取 $\beta_1=\beta_2=100$)。

(4) 估算基本放大器的电压放大倍数 A_u，输入电阻 r_i 和输出电阻 r_o；估算负反馈放大器的 A_{uf}、r_{if} 和 r_{of}，并验算它们之间的关系。

4. 实验设备与器件

本次实验所需设备和器件如表 3-6-1 所示。

表 3-6-1 实验所需设备和器件

序号	仪器或器件名称	型号或规格	数量
1	数字系统设计实验箱	TH-SZ	1
2	函数信号发生器	SU3050DDS	1
3	示波器	VP-5565D	1
4	万用表	MY61	1
5	负反馈放大器电路板	MG-3A	1

5. 计算机仿真实验内容

在 NI Multisim 10 仿真软件中按图 3-6-1 所示搭建电路，先进行静态工作点调试，为保证输入信号加入之后输出波形不发生失真，三极管集电极电位 U_C 参考数值为 8V 左右，集电极电流 I_C 采用间接法测试，

测试电路如图 3-6-2 所示；静态工作点也可以用软件的静态工作点分析获得。

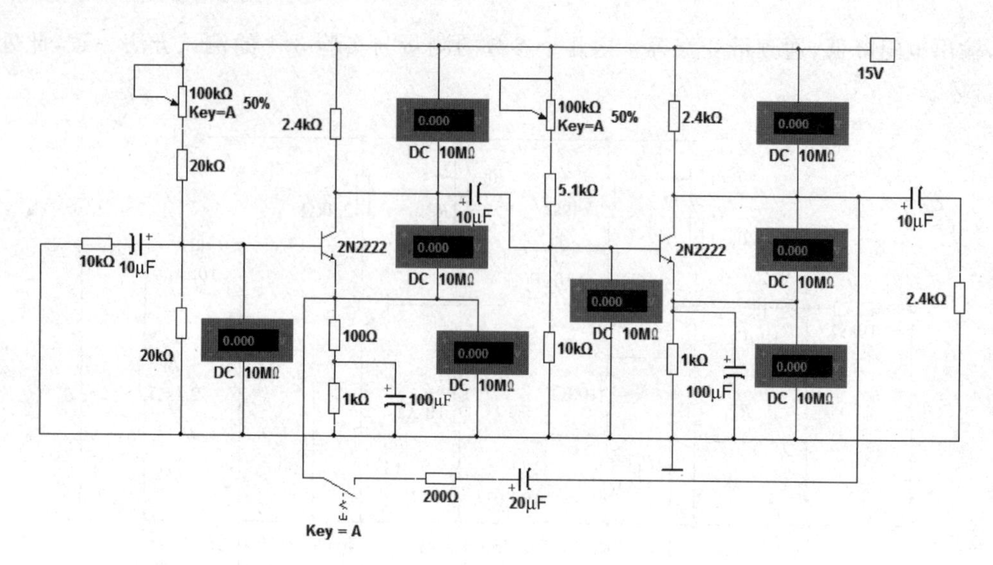

图 3-6-2 电压串联负反馈放大电路的静态测试仿真电路

动态测试电路如图 3-6-3 所示，用该电路测量无级间反馈时的电压放大倍数 A_u、输入电阻 r_i、输出电阻 r_o、通频带 f_{bW} 以及有级间反馈电路的 A_{uf}、r_{if}、r_{of} 和 f_{bWf}，测量方法同实验 3.1 的仿真实验内容，请自己设计实验数据表格并记录之。

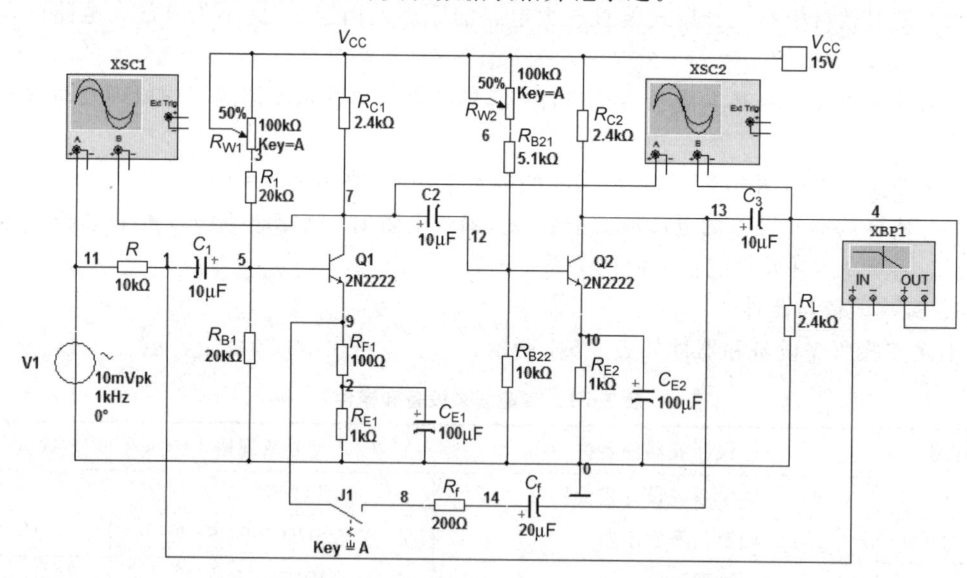

图 3-6-3 电压串联负反馈放大电路的动态仿真电路

6. 实验室操作实验内容

图 3-6-4 为实验线路板实物图。关闭实验箱电源开关，按照图 3-6-1 所示在线路板上连线；将 T_1 管基极电位器与集电极偏置电阻之间的开关接通，R_{c1} 与 +15V 电源之间的两个插孔用导线连接（本实验采用间接法测量电流 I_C，因此不需要接入电流表）。

1）测量单管放大电路的性能指标

将反馈通路的开关断开（切断级间负反馈），R_{W1} 与 R_{W2} 调至最大，将 +15V 直流电源接到线路板上（V_{cc} = +15V），两个单管放大电路的输入端均接地（u_i = 0）。接通 +15V 电源、

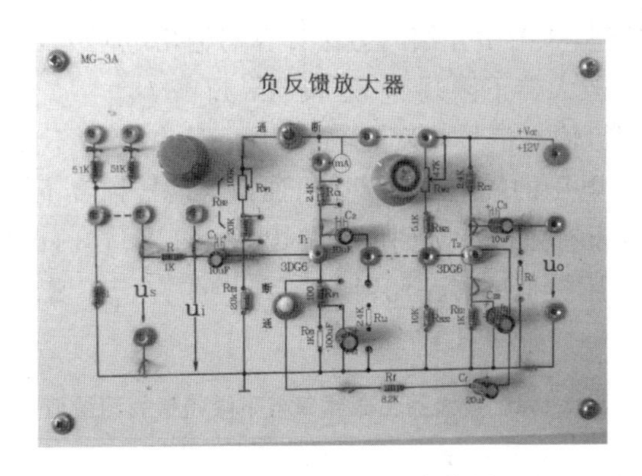

图 3-6-4 实验电路板实物图

调节 R_{W1} 与 R_{W2}，用万用表的直流电压档分别测量第一级、第二级的静态工作点，即测三极管各极电位(为保证输入信号加入之后输出波形不发生失真，三极管集电极电位 U_C 参考数值为 8V 左右)，记入表 3-6-2 中，根据测得的电压数值，计算相应的集电极电流 I_C。

表 3-6-2 各级静态工作点测量值

	U_B/V	U_E/V	U_C/V	I_C/mA
第一级				
第二级				

2) 测量两级放大电路的性能

将反馈通路的开关断开(切断级间负反馈)，将两级放大电路用导线连接好。

(1) 测放大器有负载和无负载时的电压放大倍数 A_u 和 A'_u。

输入端 u_i 接入频率 1kHz、幅度有效值为 3mV 的正弦波信号(先用示波器测量无误后再接入放大器)，负载开路，用示波器观察输出波形，在输出波形无失真的情况下，由示波器测量输出电压有效值 $U_{o\infty}$，接入负载电阻 $R_L=2.4\text{k}\Omega$，测输出电压有效值 U_o，计算放大倍数 A_u 和 A'_u，以及放大倍数的相对变化量 $(A'_u-A_u)/A_u$，填入表 3-6-3 中。

(2) 测量放大器的输入电阻 r_i

将频率为 1kHz、幅度有效值为 3mV 的正弦波信号接入 u_s 端口(将 R 接入电路)，加大输入信号电压，使放大器输出电压 U_o 等于步骤(1)中未接入 R 时的电压，用示波器测出此时输入信号电压有效值 U_s 和 U_i，按照实验 3.1 中介绍的方法计算出 r_i，并填入表 3-6-3 中。

表 3-6-3 放大电路性能指标测试值

基本放大器	U_s/V	U_i/mV	$U_{o\infty}$/V	U_o/V	A'_u	A_u	$(A'_u-A_u)/A_u$	r_i/kΩ	r_o/kΩ
负反馈放大器	U_s/V	U_i/mV	$U_{of\infty}$/V	U_{of}/V	A'_{uf}	A_{uf}	$(A'_{uf}-A_{uf})/A_{uf}$	r_{if}/kΩ	r_{of}/kΩ

(3) 测量放大器的输出电阻 r_o

在放大器正常工作条件下，测出输出端不接负载的输出电压 $U_{o\infty}$，和接入负载($R_L=2.4\text{k}\Omega$)

后的输出电压 U_o，按照实验 3.1 中介绍的方法计算出输出电阻 r_o，填入表 3-6-3 中。

(4) 测量通频带：测放大器下限频率 f_L 和上限频率 f_H

将两级放大电路接通，输入信号幅度有效值为 3mV 并保持不变，用示波器测量输入信号频率为 1kHz 时的输出电压的幅值 U_{om}。在保证输入信号幅度不变的条件下，降低信号频率，直到示波器上输出电压有效值下降到原来输出 U_{om} 的 70.7%，此时输入信号的频率即为 f_L。则上限频率 f_H 亦可用类似的方法测得。将测出的 f_L、f_H 填入表 3-6-4 中并计算通频带 f_{bW}。

表 3-6-4　放大器上限频率与下限频率的测量值

基本放大器	f_L/kHz	f_H/kHz	f_{bW}/kHz
负反馈放大器	f_{Lf}/kHz	f_{Hf}/kHz	f_{bWf}/kHz

(5) 测量负反馈对放大器性能的影响

将反馈通路的开关合上，形成一个两级电压串联负反馈放大器。重复步骤(1)、(2)和(3)中的实验，将结果分别填入表 3-6-3 与表 3-6-4 中。需要注意，在测量负反馈电路的输出电阻时，考虑到负反馈对输出电阻的影响，为降低测量误差，所接负载电阻 $R_L=1\text{k}\Omega$。比较有级间反馈和无级间反馈时，电压放大倍数、输入电阻、输出电阻和通频带有何变化。

(6) 测量负反馈对失真的改善作用(选做)

① 将反馈通路断开，逐步加大输入信号的幅度，使输出信号刚好出现失真，记录失真波形幅度 U_o= ________。

② 将反馈通路接通，保持输入信号的幅度不变，观察输出情况，此时输出波形幅度 U_{of}=________。

7. 注意事项

(1) 实验开始前，应先检查本组的元器件设备是否齐全完备，校准示波器，检查导线与各种接线是否有断线或接触不良的现象，了解线路的组成和接线要求。

(2) 实验时每组同学应分工协作，轮流接线、记录和操作等，使每个同学受到全面训练。

(3) 实验电路走线、布线应简洁明了，便于测量。

(4) 完成实验系统接线后，必须进行复查，尤其电源极性不得接反，确定无误后，方可通电进行实验。绝对不允许带电操作。如发现异常声味或其他事故情况，应立即切断电源，报告指导教师检查处理。实验中严格遵循操作规程，改接线路和拆线一定要在断电的情况下进行。

(5) 测量数据或观察现象要认真细致，实事求是。使用仪器仪表要符合操作规程，切勿乱调旋钮档位。注意仪表的正确读数。

8. 常见故障及解决方法

故障现象 1：测试第一级、第二级放大电路的静态工作点时，三极管集电极电位为 15V。

解决方法：首先检查 R_{w1} 与 R_1、R_{w2} 与 R_{B21} 是否断开，若没有问题，则检查三极管是否损坏。

故障现象 2：打开电源、信号源开关，输出没有波形，然后测量第一级输出，也没有波形。

解决方法：造成这种现象的原因可能有以下几种，按照次序依次检查。

(1) 首先检查电源电压是否是15V,有可能电源没有接上或者电压太低。

(2) 用示波器观察电路输入端是否有交流信号,若没有信号,应将示波器探头接到信号发生器输出端,确定是信号发生器的故障还是连接线的故障。

(3) 第一级放大器出现错误,查看静态工作点是否合适,找出有问题的元器件或导线。

故障现象3:将反馈通路的开关接通之后,输出信号没有变化。

解决方法:检查反馈通路中的电阻和电容是否有断点或虚焊点,若无问题,则检查开关是否焊接好。

故障现象4:输出波形发生截止失真或饱和失真。

解决方法:首先检查第一级电路的输出信号是否发生失真,若第一级输出有失真,调节第一级电路的静态工作点,若第一级电路输出信号无失真,则只需调节第二级电路的静态工作点,或者改变输入信号的幅度。

9. 思考题

(1) 若整个放大电路输出波形发生失真,是什么原因造成的?应如何解决?

(2) 根据计算结果,分析两级放大电路放大倍数 A_u 与单管放大倍数 A_{u1}、A_{u2} 间的关系,总结两级放大器放大倍数的特点。

(3) 比较电路的输入电阻与第一级单管放大电路的输入电阻,造成二者差异的原因有哪些?

(4) 如按深度负反馈估算,则闭环电压放大倍数 $A_{uf}=$? 和测量值是否一致? 为什么?

(5) R_f 的大小对电路的反馈深度有无影响?

(6) R_{F1} 的大小对电路的反馈深度有无影响?

3.7 低频功率放大器的设计

1. 实验目的

(1) 了解低频功率放大器的工作原理。

(2) 学会用 NI Multisim 10 软件进行仿真设计与调测。

(3) 学会低频功率放大器的设计方法和对基本技术指标的测试方法。

(4) 培养实践技能,提高分析和解决实际问题的能力。

2. 设计任务

1) 主要技术指标

设计并制作一个低频功率放大电路(电路形式不限),在输入信号为5～700mV,等效负载为8Ω阻抗时,满足以下指标:

(1) 最大输出不失真功率 $P_{om}\geqslant 8W$。

(2) 功率放大器的频带宽度 $B_W\geqslant 50Hz \sim 20kHz$。

(3) 输出信号无明显失真。

(4) 输入灵敏度 $U_{imax}<100mV$。

(5) 功率放大电路效率 $\eta\geqslant 50\%$。

2) 设计要求

(1) 利用集成功放芯片,外加部分电阻及电容设计一款线路简单,调试方便的低频功率放大器。确定各个器件的参数,搭建硬件电路并调测。

（2）完成设计报告。

3.8 集成直流稳压电源电路设计

1. 实验目的

（1）掌握单相桥式整流、电容滤波和集成稳压器电路的特性。

（2）学会用 NI Multisim 10 软件进行仿真设计与调测。

（3）掌握直流稳压电源设计的基本方法、设计步骤以及性能指标的测试方法。

（4）培养实践技能，提高分析和解决实际问题的能力。

2. 设计任务

1）直流电源的技术指标

（1）当输入 AC 为 220V±10%，50Hz 时，输出为 5V±2%，300mA。

（2）稳压系数小于 0.01。

（3）纹波电压 $U_{pp} \leqslant 15mV$。

2）设计要求

（1）拟定测试方案和设计步骤，绘制出所设计的直流稳压电源的系统框图，并分析各组成部分的功能及工作原理。

（2）根据直流电源系统框图，设计出每个功能方框图的具体电路图，根据技术参数的要求，计算出电路中所用元件的参数值，确定变压器的额定电压、额定电流、额定容量和电压比，整流元件的型号，电阻的阻值和功率，电容的容值和耐压值以及类型以及稳压块的型号等。

（3）硬件电路搭建与调测。

（4）完成设计报告。

第 4 章 数字电子技术实验

CHAPTER 4

4.1 集成门电路逻辑功能测试

1. 实验目的

(1) 熟悉 TTL 集成门电路的外形、引脚和使用方法，学会检测集成门电路好坏的简易方法。

(2) 掌握常用集成门电路的逻辑功能及其测试方法。

(3) 掌握 TH-SZ 型数字系统设计实验箱的面板结构和使用方法。

(4) 熟悉用 NI Multisim 10 软件进行逻辑门电路仿真的方法。

2. 实验原理

1) 常用 TTL 集成逻辑门电路的引脚排列

74LS00(四 2 输入与非门)、74LS20(二 4 输入与非门)、74LS02(四 2 输入或非门)的引脚图分别如图 4-1-1～图 4-1-3 所示，V_{CC}表示接电源，GND 表示接地，NC 表示空脚。

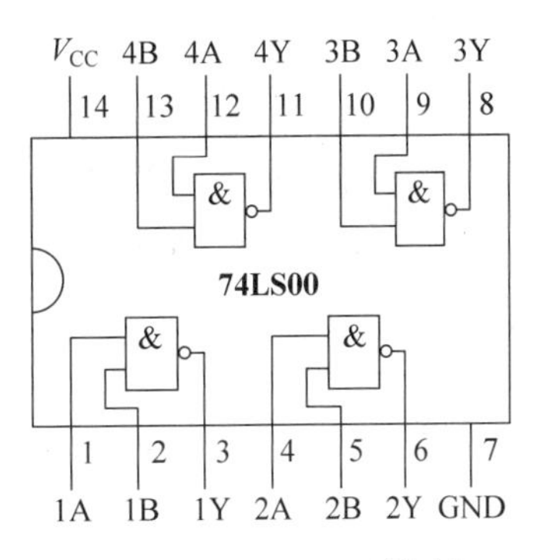

图 4-1-1　74LS00 引脚图

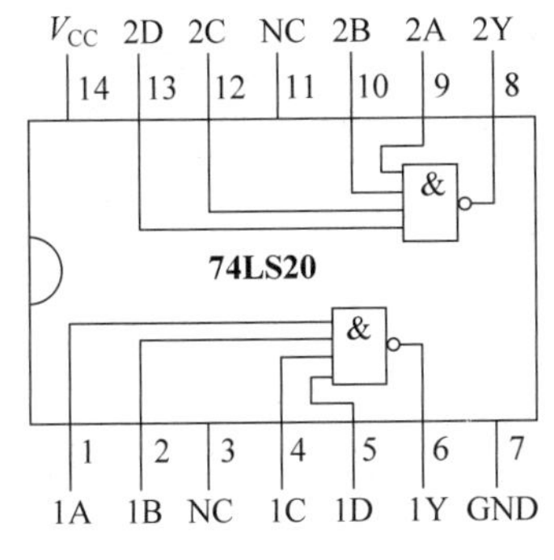

图 4-1-2　74LS20 引脚图

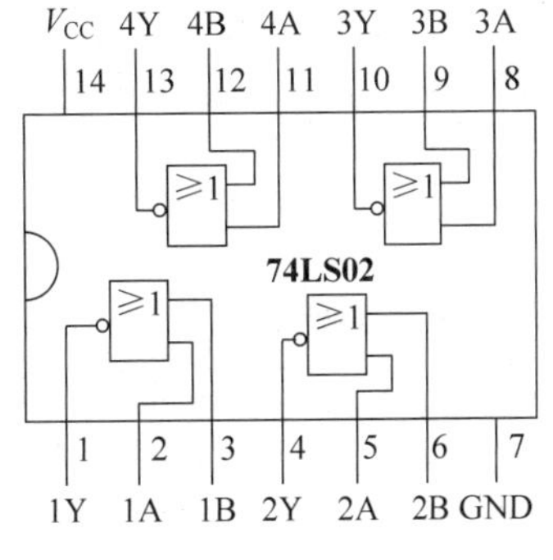

图 4-1-3　74LS02 引脚图

2) 集成门电路引脚的识别方法

将集成门电路的文字标注正对着自己，集成电路的缺口或小圆点标记向左，引脚向下。

左下角为1引脚，然后逆时针方向数分别是2引脚、3引脚……。

3）检测集成门电路好坏的简易方法

方法一：在未加电源状态时，利用万用表的电阻挡检查各引脚之间的电阻，判断是否有短路。通常出现短路，集成电路损坏。

方法二：加电源，利用实验箱检查门电路的逻辑功能。例如：根据与非门“有低出高，同高出低”的逻辑功能，将输入端接逻辑开关，输出端接发光二极管，若将全部输入端置高电平，发光二极管不亮，将任一输入端接地，发光二极管亮，则说明该门是好的。

4）组合逻辑电路的测试方法

（1）静态测试

给定数字电路若干组静态输入值，测试数字电路的输出值是否正确，称为静态测试。

（2）动态测试

在输入端加动态脉冲信号，用示波器观察输入输出波形是否符合要求，称为动态测试。这种方法自动化程度高，并可分析电路的动态特性。

3. 预习要求

（1）熟练掌握与门、或门、非门、与非门、或非门的逻辑功能、逻辑关系式、逻辑符号以及真值表。

（2）熟记数字集成电路的注意事项。

（3）熟悉双踪示波器VP-5565D的使用方法。

4. 实验设备与器件

本次实验所需设备与器件如表4-1-1所示。

表4-1-1　实验设备与器件

序号	仪器或器件名称	型号或规格	数量
1	数字系统设计实验箱	TH-SZ	1
2	四2输入与非门	74LS00	若干
3	四2输入或非门	74LS02	若干
4	双踪示波器	VP-5565D	1
5	万用表	MY61	1
6	安装NI Multisim 10的计算机		1

5. 计算机仿真实验内容

1）74LS00与非门逻辑功能静态测试

将与非门的两个输入端通过单刀双掷开关分别接5V电源（高电平）和地（低电平），用万用表观察输出电压值。

（1）建立仿真电路

① 单击Multisim 10基本界面元器件工具条的Place TTL按钮，如图4-1-4所示，弹出Select a Component对话框，在Family栏中选取74LS系列，再在Component栏中选取74LS00D，如图4-1-5所示。

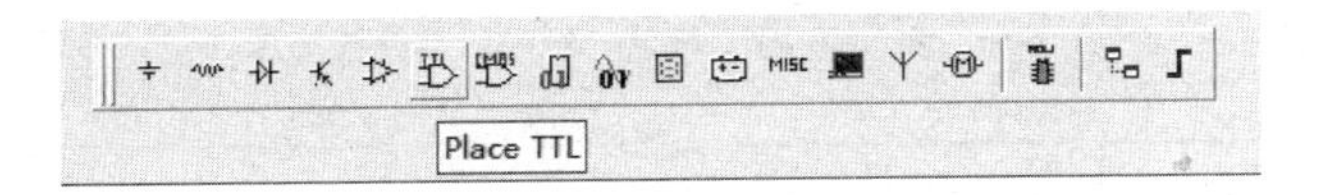

图 4-1-4　单击 TTL 按钮

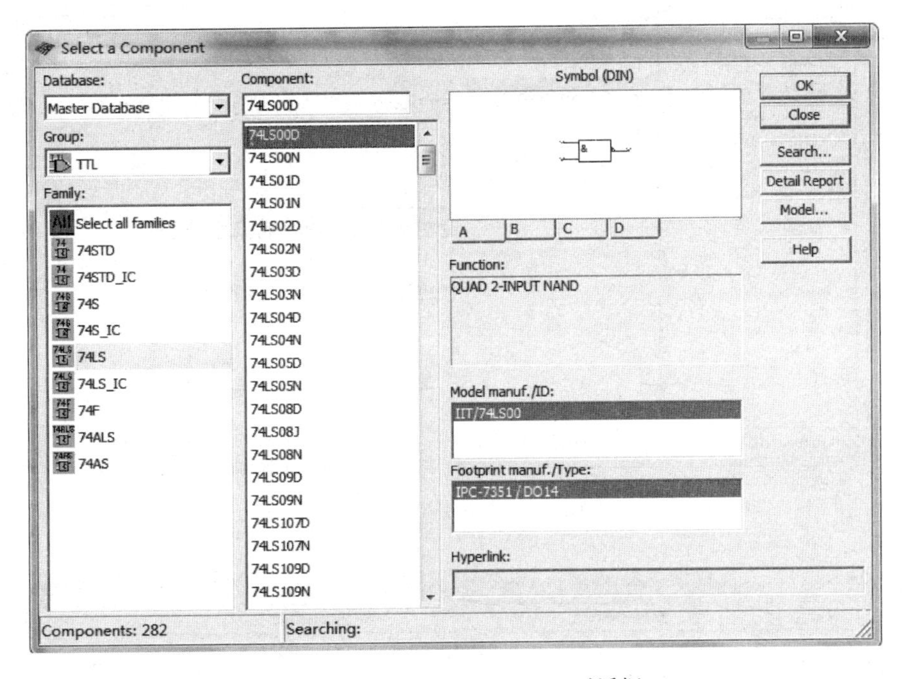

图 4-1-5　Select a Component 对话框

② 单击图 4-1-5 中的 OK 按钮，弹出如图 4-1-6(a)所示的元器件部件条，其中 A、B、C、D 表示 74LS00D 中集成 4 个独立的与非门。单击其中的 A 按钮，会出现一个与非门部件，如图 4-1-6(b)所示；再单击，又将弹出元器件部件条，如图 4-1-6(c)所示，此时图中 A 按钮已经虚化，表示已被调出。可以继续单击其他部件，再次调出与非门，如果不需要，直接单击 Cancel 按钮，元器件部件条消失，回到图 4-1-5 所示的对话框。关闭该对话框，在电子平台上可以看到一个与非门 U1A。

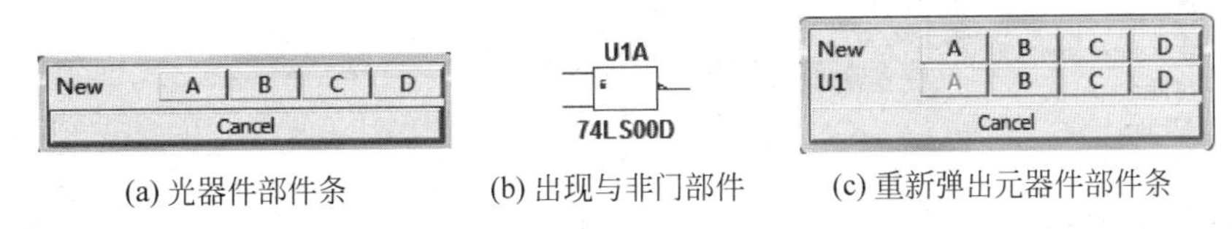

(a) 光器件部件条　　(b) 出现与非门部件　　(c) 重新弹出元器件部件条

图 4-1-6　调出与非门操作

③ 单击工具条中的 Place Source 按钮，弹出 Select a Component 对话框，在 Family 栏中选取 POWER_SOURCES，再在 Component 栏中选取 VCC，如图 4-1-7 所示。然后单击 OK 按钮，将电源调出。再在 Component 栏中选取 GROUND 将地线调出。

④ 单击元器件工具条中的 Place Basic 按钮，弹出 Select a Component 对话框，在 Family 栏中选取 SWITCH，再在 Component 栏中选取 SPDT，如图 4-1-8 所示。然后单击 OK 按钮，将单刀双掷开关调出，共需要两个。

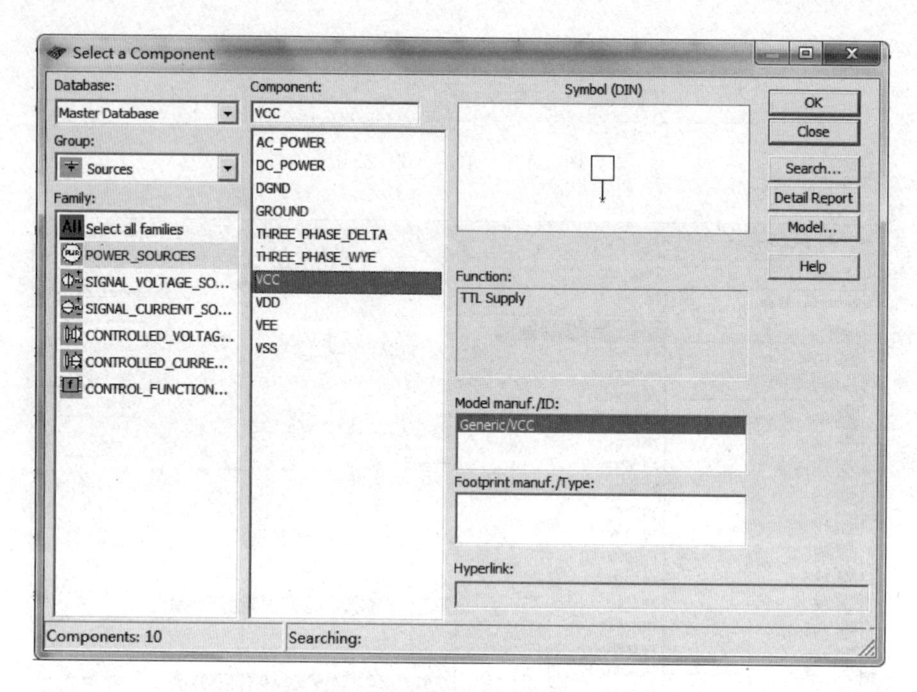

图 4-1-7 调出电源和地线

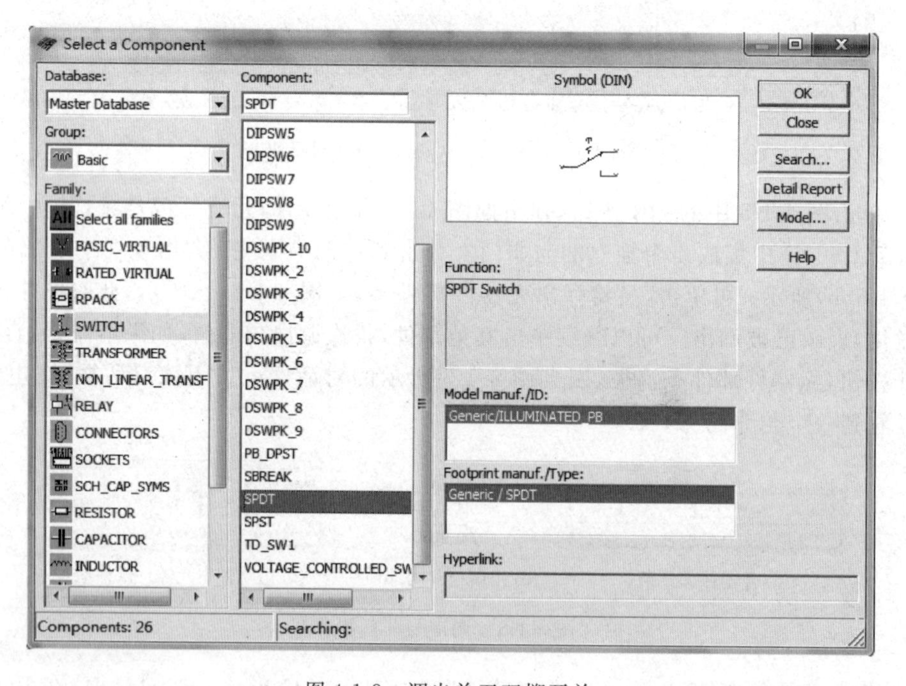

图 4-1-8 调出单刀双掷开关

⑤ 双击单刀双掷开关，在它的属性对话框中将 Key for Switch 栏设置成 A，如图 4-1-9 所示。用同样的方法把另一个开关设置成 B。

⑥ 分别右击两个单刀双掷开关的图标，在弹出的菜单中选取 Flip Horizontal 命令，将它们水平旋转。

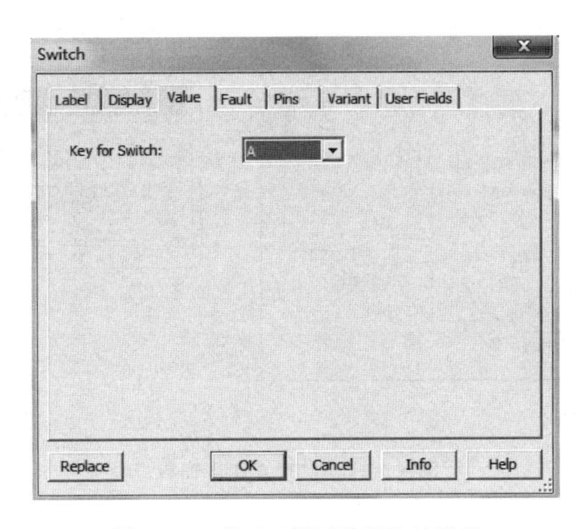

图 4-1-9　单刀双掷开关属性的设置

⑦ 单击软件基本界面虚拟仪器工具条的 Multimeter 按钮，如图 4-1-10 所示，调出虚拟万用表。

图 4-1-10　单击 Multimeter 按钮

⑧ 将所调出的元器件和仪器连线，组建仿真电路，如图 4-1-11 所示。

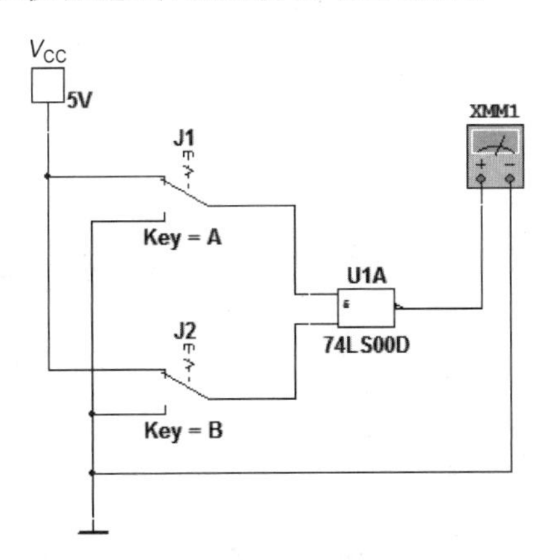

图 4-1-11　与非门静态测试仿真电路

⑨ 双击虚拟万用表，出现它的放大面板，选择“V(电压)”和“—(直流)”两个按钮，测量直流电压，如图 4-1-12 所示。

(2) 仿真并记录结果

拨动 J1、J2，使输入按 00、01、10、11 变化，观察并记录输出结果，填入表 4-1-2 中。

2) 74LS00 与非门逻辑功能动态测试

将与非门的一个输入端接 1kHz 连续脉冲信号，改变另一输入端的电平，用示波器双踪显示并记录输入端和输出端的波形。

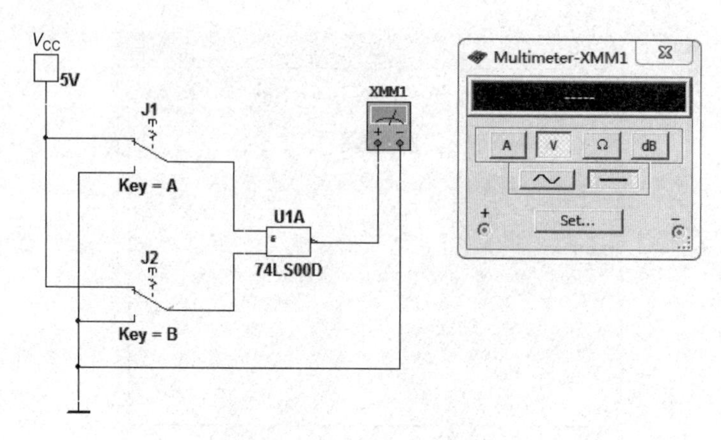

图 4-1-12 设置万用表面板

表 4-1-2 与非门电路输出逻辑状态

输 入 端		输 出 端	
A	B	电位(V)	逻辑状态
0	0		
0	1		
1	0		
1	1		

(1) 建立仿真电路

① 按照上面的方法调出 74LS00、单刀双掷开关、电源和地。

② 从元器件工具条的 Place Source 电源库中调出 PULSE_VOLTAGE 脉冲信号源，如图 4-1-13 所示；双击脉冲信号源，在其属性对话框中把信号设置成频率为 1kHz，幅值为 5V 的脉冲信号，如图 4-1-14 所示。

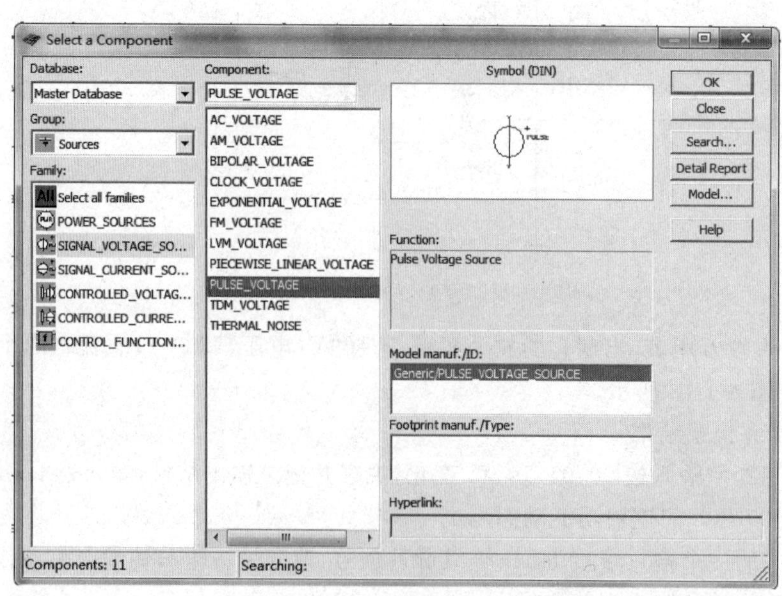

图 4-1-13 调出脉冲信号源

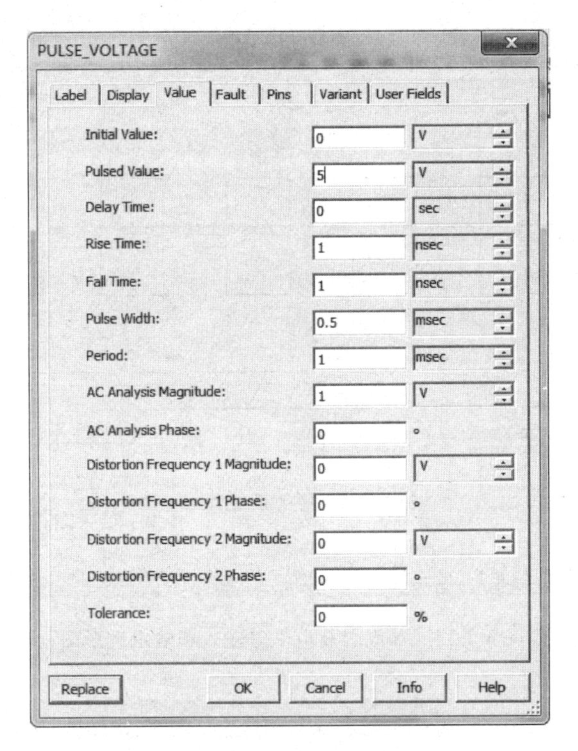

图 4-1-14　脉冲信号的参数设置

③ 单击虚拟仪器工具条的 Oscilloscope 按钮，调出双踪示波器。

④ 将所调出的元器件和仪器连线，组建仿真电路，如图 4-1-15 所示。

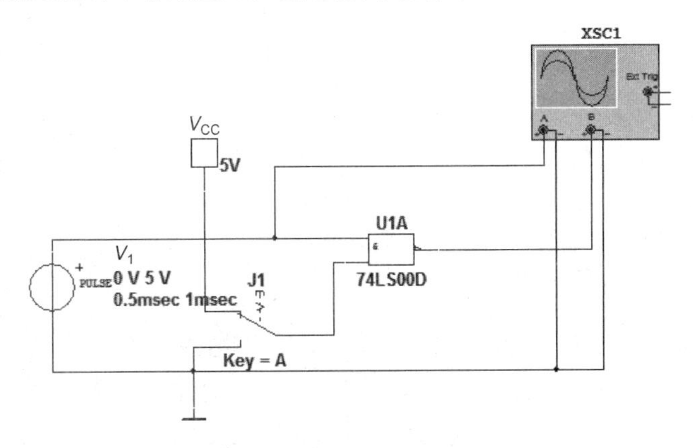

图 4-1-15　与非门动态测试仿真电路

⑤ 右击示波器通道 B 的信号线，在弹出的快捷菜单中选择 Segment Color...选项，把此信号线改为蓝色，与通道 A 信号线颜色不同，仿真时双击示波器就可以看到两个颜色分明的波形。

(2) 仿真并观察记录实验结果

开启仿真开关，双击虚拟示波器图标，打开虚拟示波器的放大面板，分别显示 A 键置高电平和低电平时的输入输出波形，如图 4-1-16 和图 4-1-17 所示。

注：*在电路仿真动态显示时，单击* **II** *(暂停)按钮，可通过改变 X Position 的设置而左右*

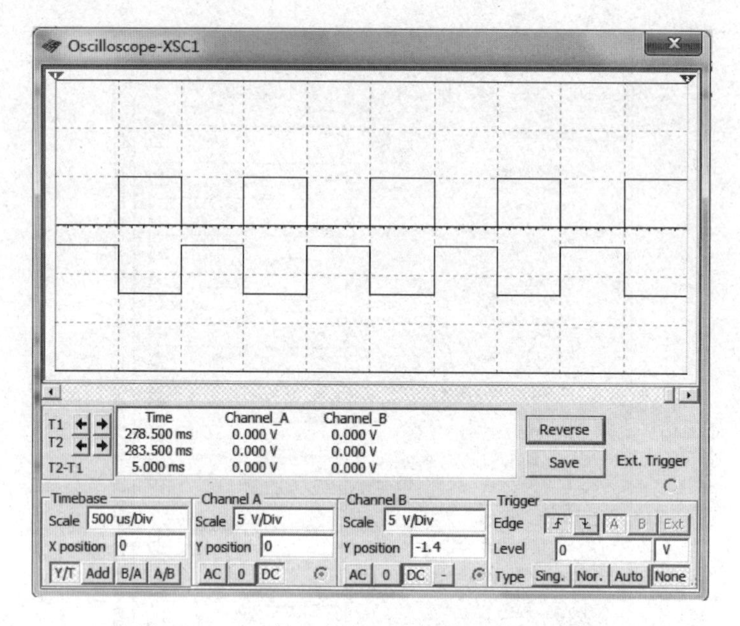

图 4-1-16　A 键置高电平时输入和输出波形图

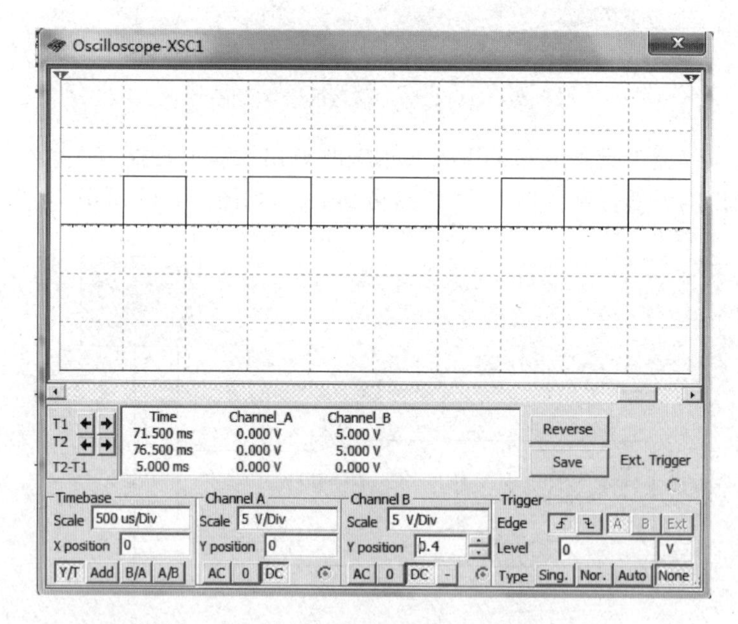

图 4-1-17　A 键置低电平时输入和输出波形

移动波形；也可通过拖动显示屏幕下沿的滚动条左右移动波形。

3）或非门逻辑功能测试

按上述方法对 74LS02D 进行静态和动态测试，自拟表格和图标记录实验结果。

4）选做内容

利用与非门 74LS00D 实现与门、或门和非门的逻辑功能。

要求写出详细的设计过程，画出逻辑电路图，根据逻辑电路图进行仿真，测试其逻辑功能，并列出测试的真值表。

6. 实验室操作实验内容

1）与非门逻辑功能测试

（1）从 74LS00 中任选一个与非门，将此与非门的两个输入端（如引脚 1 和引脚 2）分别接至 TH-SZ 型实验箱的两个逻辑电平开关输出口上，输出端 Y（对应引脚 3）接万用表测量电压，如图 4-1-18 所示。拨动开关改变输入状态的电平，观察输出，填入表 4-1-3 中，并写出输出表达式。

表 4-1-3　与非门测试结果

输入端		输出端	
A	B	电位（V）	逻辑状态
0	0		
0	1		
1	0		
1	1		

（2）在 74LS00 中任选一个与非门，将其中的一个输入端接至实验箱脉冲信号源的 Q_1 端，频率调到 1kHz，另一个输入端接逻辑电平开关输出口，如图 4-1-19 所示。改变逻辑开关的电平，用示波器双踪显示输入端和输出端的波形，画在图 4-1-20 中，其中 V_i 为输入端所接的连续脉冲信号，V_O 为输出端的波形。

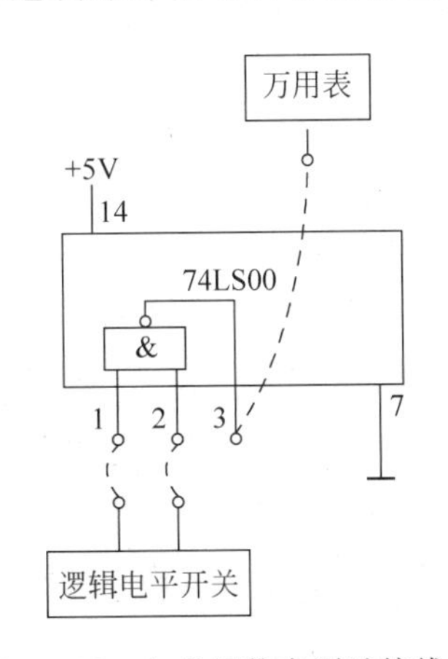

图 4-1-18　与非门静态测试接线图

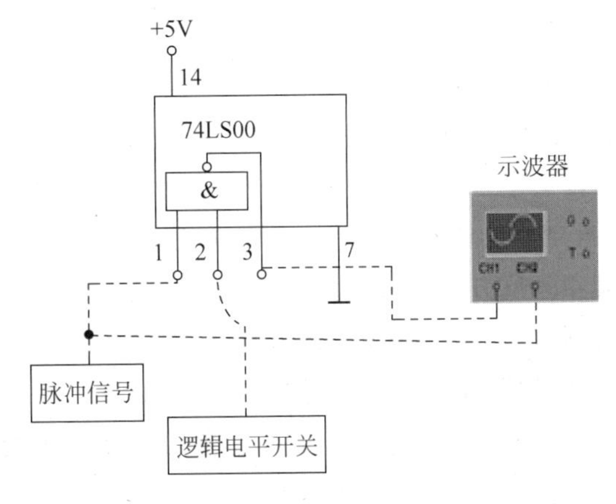

图 4-1-19　与非门动态测试接线图

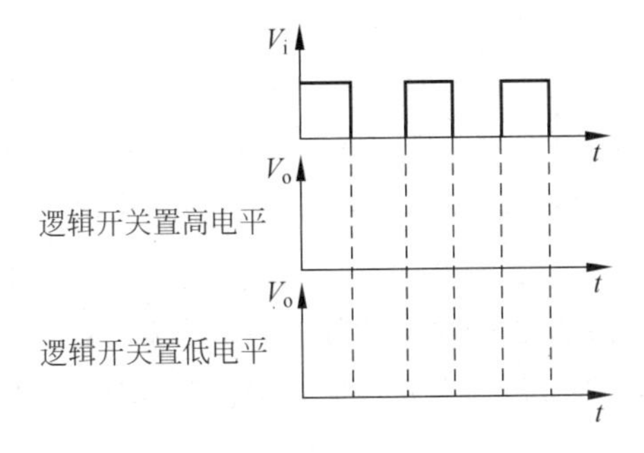

图 4-1-20　与非门动态测试输出波形

2）或非门逻辑功能测试

按照测试 74LS00 的方法对 74LS02 进行静态和动态测试，自拟表格和图表记录实验结果。

3）选做内容

利用与非门 74LS00 实现与门、或门和非门的逻辑功能。

要求写出详细的设计过程，画出逻辑电路图，根据逻辑电路图连接电路，测试其逻辑功能，并列出测试的真值表。

7. 注意事项

(1) 实验前，检查实验箱、示波器是否能正常使用。

(2) 使用导线前，最好先检查所用导线是否有断线或接触不良情况。

(3) 接插集成块时，看准型号，并且要认准定位标记，不要插反。

(4) TTL74 系列集成电路的电源电压范围是 4.75～5.25V，实验中要求使用＋5V 电源，在使用中，不可将电源和地线颠倒错接，否则将引起很大的电流而造成电路失效。

(5) 接上电源后，用万用表检查一下芯片的电源端是否已有电压，若没有电压，则往往是导线错接或连接点接触不良引起的。

(6) 集成门的输出端不允许并联使用(OD 门、OC 门和三态门除外)，否则不仅会使电路逻辑功能混乱，而且会导致器件损坏。

(7) 一般不允许将多余输入端悬空，应根据需要接“地”或接正电源，否则将会引入干扰信号。

(8) 不要带电拔插器件。

8. 常见故障及解决方法

在数字电子技术实验中，对于一定的输入信号或输入序列，不能完成电路应有的逻辑功能，不能产生正确输出信号的现象称为故障。常见的故障主要有：器件故障、接线错误、设计错误和测试方法不正确。

如测试与非门的逻辑功能(测试示意图如图 4-1-19 所示)时，若测试的真值表和理论真值表不同，说明存在故障，具体排查步骤如下：

(1) 检查所用芯片型号是否正确、芯片是否插接正确、引脚有没有折断现象或未插进插座的现象。

(2) 摸一下芯片是否发热，如果芯片发热，可能是电源极性接反，此时可将电路断电进行检查。也可能是芯片损坏，这时需要更换芯片。通常情况下，第一种原因最常见。

(3) 检查 14 引脚的电源和 7 引脚的地是否接好。测试时，如果发现当输入信号变化，逻辑门输出不变的现象，可能原因主要有三个：①芯片电源和地线接触不良，此时可用万用表测量芯片 14 引脚的电源值是否满足芯片的要求；②输出信号至芯片的信号线接触不良，此时需要断开电路进行检查；③芯片损坏。

(4) 检查除了电源线和地线之外的其他线有没有漏接、错接、插孔接触不良或内部线断情况，解决方法是画出接线图，按图接线，不要凭记忆随想随接；接线要规范、整齐，尽量走直线、短线，以免引起干扰。

(5) 检查逻辑开关的输出电压是否达到芯片的要求。由于逻辑开关使用频率高，兼或操作不当，逻辑电平开关易损坏。

(6) 如果以上情况都没问题，则可初步判定芯片 74LS00 可能有问题，更换 74LS00，如果电路恢复正常，则可认为初步判定正确，从而找出了故障原因。

注：按图 4-1-20 所示动态测试与非门的逻辑功能时，若测试波形和理论不一致，首先要检查示波器使用是否正确，仪器使用不正确，也会引起观测错误。在保证示波器使用正确的情况下，再按上面的步骤进行排查。

9. 思考题

(1) 利用与非门 74LS00 实现非门的逻辑功能有几种连接方法？

(2) 为什么 TTL 与非门的输出端不能直接接地或接电源？

4.2　SSI 组合逻辑电路的设计与测试

1. 实验目的

(1) 掌握组合逻辑电路的特点及分析方法。

(2) 掌握用小规模集成器件设计组合逻辑电路的方法。

(3) 学会 NI Multisim 10 中逻辑转换仪的使用。

2. 实验原理

组合逻辑电路在任一时刻的输出状态只取决于该时刻各输入状态的组合，与电路的原状态无关。

组合逻辑电路的设计：根据实际逻辑问题，设计出满足逻辑功能的最简逻辑电路。最简是指集成器件数量最少，器件种类最少，器件之间的连线最少。

组合逻辑电路可采用小规模集成器件(SSI)设计，可采用中规模集成器件(MSI)设计，也可采用可编程逻辑器件设计。本实验采用小规模集成器件逻辑门设计。

使用中小规模集成器件设计组合电路是最常用的设计方法，设计的一般步骤如下：

(1) 逻辑抽象：根据实际逻辑问题的因果关系确定输入、输出变量，并定义逻辑状态的含义。

(2) 根据逻辑描述列出真值表。

(3) 由真值表写出逻辑表达式。

(4) 根据器件的类型，化简、变换逻辑表达式。

(5) 画出逻辑电路图。

【例 4-2-1】 用与非门为燃油蒸汽锅炉设计一个过热报警装置。用三个数字传感器分别监视燃油喷嘴的开关状态、锅炉中的水温和压力是否超标。当喷嘴打开且压力或水温过高时，都应发出报警信号。

解：(1) 逻辑抽象。A 表示燃油喷嘴的开关状态，逻辑“1”表示开关打开，逻辑“0”表示开关关闭；B 表示锅炉中的水温，逻辑“1”表示水温过高，逻辑“0”表示水温正常；C 表示压力，逻辑“1”表示压力超标，逻辑“0”表示压力正常；L 表示报警信号，逻辑“1”表示报警，逻辑“0”表示正常。

(2) 列真值表,如表 4-2-1 所示。

表 4-2-1　例 4-2-1 的真值表

输入			输出	输入			输出
A	B	C	L	A	B	C	L
0	0	0	0	1	0	0	0
0	0	1	0	1	0	1	1
0	1	0	0	1	1	0	1
0	1	1	0	1	1	1	1

(3) 用卡诺图化简输出表达式。

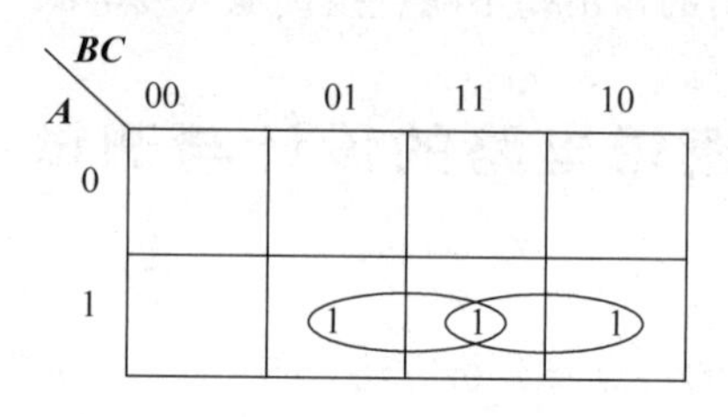

$$L = AC + AB$$

(4) 根据题意要求,把输出表达式变成与非形式。

$$L = AC + AB = \overline{\overline{AC + AB}} = \overline{\overline{AC} \cdot \overline{AB}}$$

(5) 画出逻辑电路图,如图 4-2-1 所示。

3. 预习要求

(1) 拟定实验方案及步骤。

(2) 根据实验内容要求,设计各组合逻辑电路,并根据给定的器件画出实验电路图。

(3) 绘制实验中所需记录数据的表格。

(4) 用 NI Multisim 10 对实验进行仿真,并分析实验是否成功。

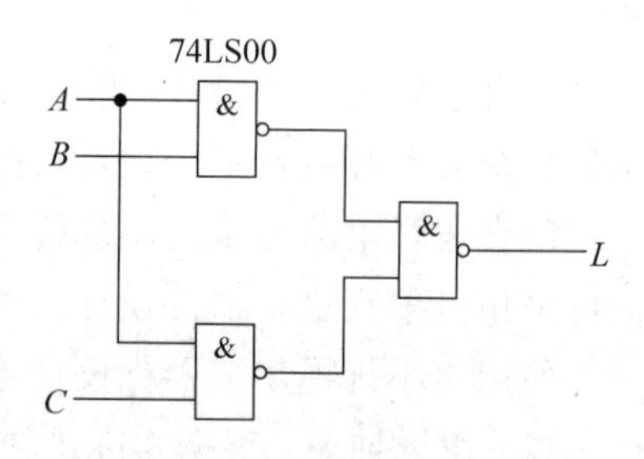

图 4-2-1　例 4-2-1 的逻辑图

4. 实验设备与器件

本次实验所需设备及器件如表 4-2-2 所示。

表 4-2-2　实验设备与器件

序号	仪器或器件名称	型号或规格	数量
1	数字系统设计实验箱	TH-SZ	1
2	双踪示波器	VP-5565D	1
3	四 2 输入与非门	74LS00	若干
4	双 4 输入与非门	74LS20	若干
5	安装 NI Multisim 10 的计算机		1

5. 计算机仿真实验内容

在 NI Multisim 10 中,用逻辑转换仪设计组合逻辑电路的思路与人工设计基本相同,但设计过程却极大简化。

1）利用逻辑转换仪设计一个三人表决器电路

（1）单击 Multisim 10 虚拟仪器工具条中的 Logic Converter 按钮，调出逻辑转换仪 XLC1 放置在电子平台上，如图 4-2-2 所示。

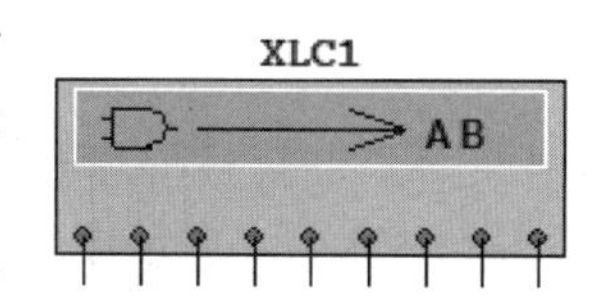

图 4-2-2　逻辑转换仪图标

（2）双击逻辑转换仪图标，打开放大面板。分别单击放大面板上的 A、B 和 C 输入端口，使其由灰色变成白色，在下方左栏中看到 3 个二进制变量编码共有 8 组，如图 4-2-3 所示。

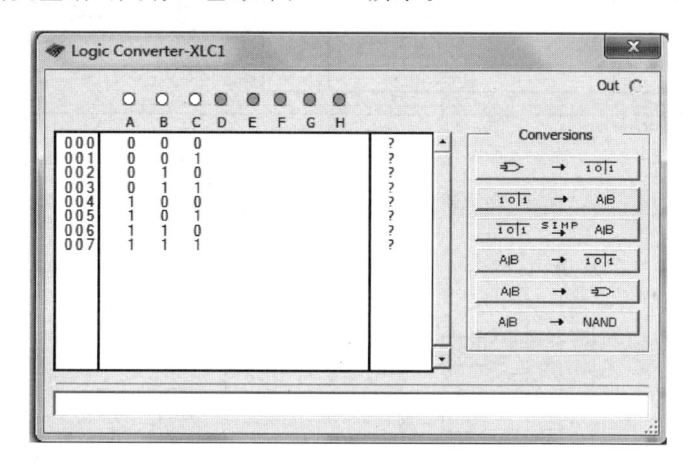

图 4-2-3　8 组 3 个二进制变量编码

（3）根据三人表决器的设计要求，对于变量 A、B、C，设同意为逻辑“1”，不同意为逻辑“0”；对于输出，设事情通过为逻辑“1”，未通过为逻辑“0”。分别单击一次或两次右栏中的“?”，得到三人表决器真值表如图 4-2-4 所示。

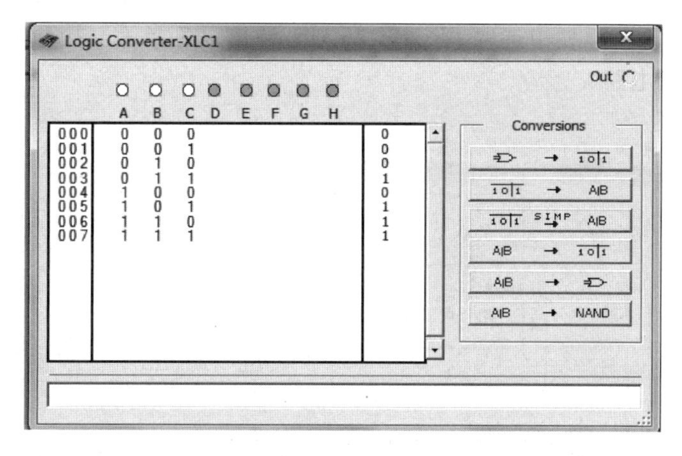

图 4-2-4　根据设计要求设置输出状态

（4）单击右侧 10|1 SIMP A|B（将真值表自动转化为简化表达式）按钮，可从放大面板下方看到简化表达式为 $AC+AB+BC$，如图 4-2-5 所示。

（5）单击右侧 A|B → NAND（将逻辑表达式自动转换成与非门组成的逻辑电路）按钮，稍等片刻，可在电子平台上看到如图 4-2-6 所示的逻辑电路。

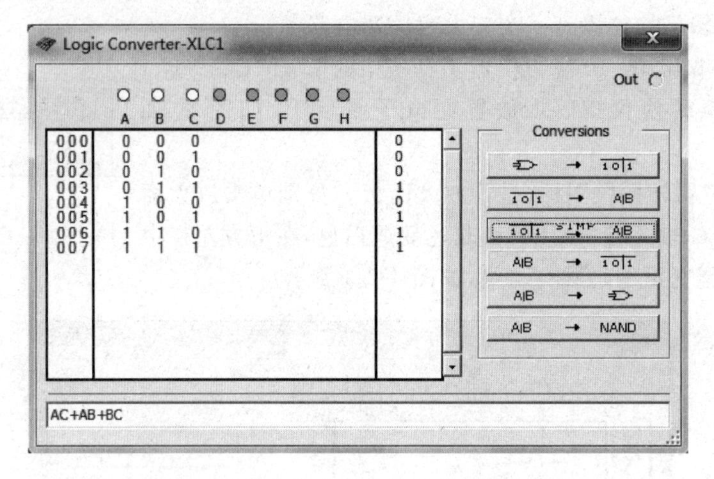

图 4-2-5 将真值表自动转换成简化表达式

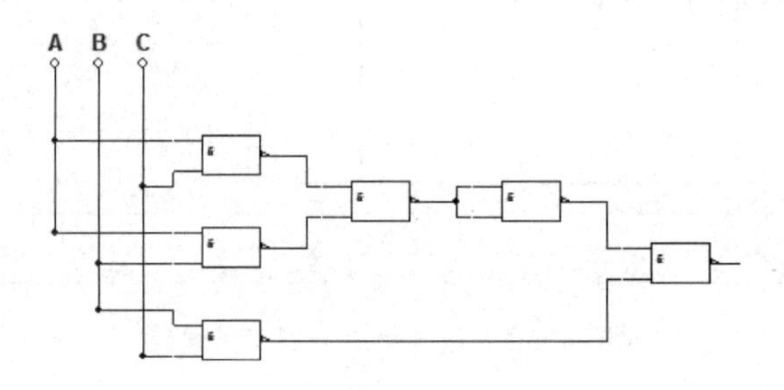

图 4-2-6 将逻辑表达式自动转换成的与非门逻辑电路

(6) 将图 4-2-6 中的 3 个输入端 A、B、C 接口删掉并换上单刀双掷开关；单击元器件工具条中的 Place Indicator 按钮，弹出 Select a Component 对话框，在 Family 栏中选取 PROBE，再在 Component 栏中选取 PROBE_BLUE，调出绿色指示灯接到输出端，按图 4-2-7 整理并连接好仿真电路。

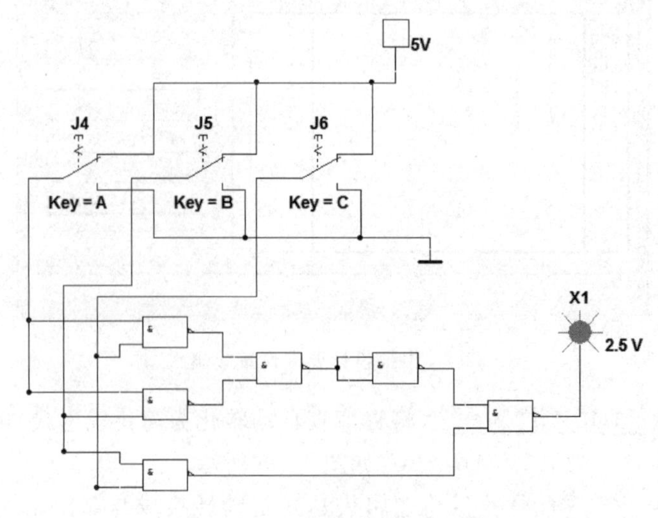

图 4-2-7 三人表决器仿真电路

(7) 开启仿真开关,按真值表逐一验证,结果和设计要求完全一致。

2) 用逻辑转换仪设计监视交通信号灯工作状态的逻辑电路

该电路要完成如下功能:十字路口信号灯由红、黄、绿三只灯组成。正常工作时必须有一只灯亮,若没有灯亮或有两只、三只灯亮,则说明电路发生故障,此时发出故障信号,提醒维修人员前去修理。

6. 实验室操作实验内容

1) 用与非门设计监视交通信号灯工作状态的逻辑电路,功能要求见仿真实验内容2)。

(1) 参考例4-2-1写出设计过程,画出逻辑电路图。

(2) 按逻辑电路图连接电路,输入接逻辑电平开关输出口,输出接发光二极管输入口,改变输入信号的状态,观察输出端的状态,填表4-2-3,验证设计结果。

表 4-2-3 实验结果

输入	输出	输入	输出
R Y G	*L*	*R Y G*	*L*
0 0 0		1 0 0	
0 0 1		1 0 1	
0 1 0		1 1 0	
0 1 1		1 1 1	

2) 试用与非门设计一个全加器。

(1) 写出设计过程,画出逻辑电路图。

(2) 按逻辑电路图连接好电路,测试其逻辑功能,列出测试的真值表,验证设计结果。

7. 注意事项

(1) 连接电路或插拔器件时,不要带电操作。

(2) 实验前,检查所用导线是否有断线或接触不良情况。

(3) 连接电路时,首先把芯片的电源引脚接到实验箱+5V电源上,地引脚接到实验箱的地插孔上,切不可将电源和地线颠倒错接。

(4) 接上电源后,用万用表测量芯片的电源端电压是否满足芯片的要求,若没有电压则往往是导线错接或连接点接触不良引起的,若电压值不满足芯片的要求则可能是电源损坏。

(5) 在较复杂的电路中,还要求逻辑清晰易懂,所以最简的设计不一定是最佳的。但一般来说,在保证速度、稳定可靠和逻辑清晰的条件下,尽量选择使用最少的器件。

(6) 在组合逻辑电路的设计中有时用异或门代替与门和或门、用某些输出作为另一些输入的条件、与或换成与非可使电路更加简洁。

8. 常见故障及解决方法

由SSI设计的组合逻辑电路可以采用由前向后或由后向前的逐级排查方法。排查步骤:

(1) 初步检查,方法如实验4.1中故障排查中的步骤(1)~(4)。

(2) 逐级排查,检查时,可从最后一级的输出端向输入端逐级逆行检查,也可从输入端开始向输出端正向检查。在这里,笔者认为从最后一级错误的输出信号开始向输入级检查,比较简单。

(3) 如果经过以上检查都没故障，就要考虑电路设计是否有错误。产生设计问题的原因一般是对实验要求没有明确，或者是对所用器件的原理没有掌握。

9. 思考题

(1) 总结组合逻辑电路的设计方法、电路的基本特点。

(2) 在利用小规模芯片设计组合逻辑电路时，是否一定要将逻辑关系化成最简形式？为什么？

4.3 译码器的应用与研究

1. 实验目的

(1) 掌握中规模集成译码器的逻辑功能和使用方法。

(2) 掌握用译码器设计组合逻辑电路的方法。

(3) 学会 NI Multisim 10 中字信号发生器的使用。

2. 实验原理

译码器是一个多输入多输出的组合逻辑电路，用于将某个二进制码"翻译"成特定的高低电平信号，即电路的某种状态。译码器分为二进制译码器、二-十进制译码器和显示译码器。

二进制译码器：将 n 位二进制代码译成 2^n 种电路状态。输出端个数与输入端个数满足关系：$M=2^n$，其中 M 为输出端个数，n 为输入端个数。常见的二进制译码器有 2 线-4 线译码器(74×139 双 2 线-4 线译码器)、3 线-8 线译码器(74×138)、4 线-16 线译码器(74×154)。×代表 CMOS 和 TTL 两种类型。

二-十进制译码器：将输入的 BCD 码译成 0～9 十个十进制信号的电路。二-十进制译码器又称为 4 线-10 线译码器。

二进制译码器和二-十进制译码器的特点：对应每一组输入代码，只有其中一个输出端为有效电平。

显示译码器：将数字、文字、符号的代码译成数码管显示该数字、文字和符号所需要的驱动信号。如 74HC4511 为七段显示译码器，输出高电平有效，所以可以用来驱动共阴极显示器。

译码器在数字系统中有广泛的用途，可以用于数据分配，存储器寻址和组合控制信号，还可以用于代码的转换、终端的数字显示等。不同的功能可选用不同种类的译码器。

本实验采用的是集成二进制译码器 74LS138，其功能表、引脚图和逻辑符号分别如表 4-3-1、图 4-3-1 和图 4-3-2 所示。

表 4-3-1 集成译码器 74LS138 功能表

输入						输出							
S_1	$\overline{S}_2$	$\overline{S}_3$	A_2	A_1	A_0	$\overline{Y}_0$	$\overline{Y}_1$	$\overline{Y}_2$	$\overline{Y}_3$	$\overline{Y}_4$	$\overline{Y}_5$	$\overline{Y}_6$	$\overline{Y}_7$
×	1	×	×	×	×	1	1	1	1	1	1	1	1
×	×	1	×	×	×	1	1	1	1	1	1	1	1
0	×	×	×	×	×	1	1	1	1	1	1	1	1
1	0	0	0	0	0	0	1	1	1	1	1	1	1
1	0	0	0	0	1	1	0	1	1	1	1	1	1

续表

输入						输出							
S_1	$\bar{S}_2$	$\bar{S}_3$	A_2	A_1	A_0	$\bar{Y}_0$	$\bar{Y}_1$	$\bar{Y}_2$	$\bar{Y}_3$	$\bar{Y}_4$	$\bar{Y}_5$	$\bar{Y}_6$	$\bar{Y}_7$
1	0	0	0	1	0	1	1	0	1	1	1	1	1
1	0	0	0	1	1	1	1	1	0	1	1	1	1
1	0	0	1	0	0	1	1	1	1	0	1	1	1
1	0	0	1	0	1	1	1	1	1	1	0	1	1
1	0	0	1	1	0	1	1	1	1	1	1	0	1
1	0	0	1	1	1	1	1	1	1	1	1	1	0

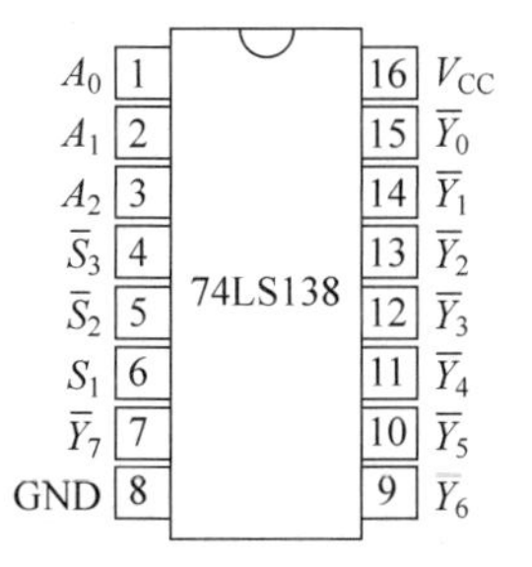

图 4-3-1 74LS138 引脚图

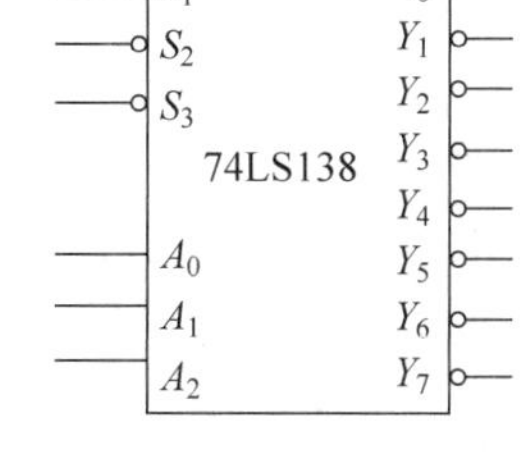

图 4-3-2 74LS138 逻辑符号

由功能表可知：当使能输入端 $S_1=1,\bar{S}_2=0,\bar{S}_3=0$ 时，输出 $\bar{Y}_0=\overline{\bar{A}_2\bar{A}_1\bar{A}_0}$，$\bar{Y}_1=\overline{\bar{A}_2\bar{A}_1A_0}$，$\bar{Y}_2=\overline{\bar{A}_2A_1\bar{A}_0}$，$\bar{Y}_3=\overline{\bar{A}_2A_1A_0}$，$\bar{Y}_4=\overline{A_2\bar{A}_1\bar{A}_0}$，$\bar{Y}_5=\overline{A_2\bar{A}_1A_0}$，$\bar{Y}_6=\overline{A_2A_1\bar{A}_0}$，$\bar{Y}_7=\overline{A_2A_1A_0}$。74LS138 的 8 个输出包含三变量函数的全部最小项，基于这一点，用该器件能够方便地实现三变量的组合逻辑函数。

【例 4-3-1】 用 74LS138 译码器和与非门设计三人表决电路。

解：(1) 确定输入输出变量，进行逻辑赋值。

三人的意见为输入变量，表示为 A、B、C，同意为逻辑 1，不同意为逻辑 0；表决结果为输出变量，表示为 Y，通过为逻辑 1，不通过为逻辑 0。

(2) 根据题意，列真值表，如表 4-3-2 所示。

表 4-3-2 三人表决器真值表

输入			输出	输入			输出
A	B	C	Y	A	B	C	Y
0	0	0	0	1	0	0	0
0	0	1	0	1	0	1	1
0	1	0	0	1	1	0	1
0	1	1	1	1	1	1	1

(3) 写出输出表达式。

$$Y=\bar{A}BC+A\bar{B}C+AB\bar{C}+ABC$$

(4) 将变量 A、B、C 分别接入 74LS138 的 A_2、A_1 和 A_0 端，即 $A_2=A$，$A_1=B$，$A_0=C$，根据 74LS138 的输出表达式，可得：

$$Y=\overline{Y}_3+\overline{Y}_5+\overline{Y}_6+\overline{Y}_7=\overline{Y_3\cdot Y_5\cdot Y_6\cdot Y_7}$$

(5) 根据输出表达式，画逻辑电路图，如图 4-3-3 所示。

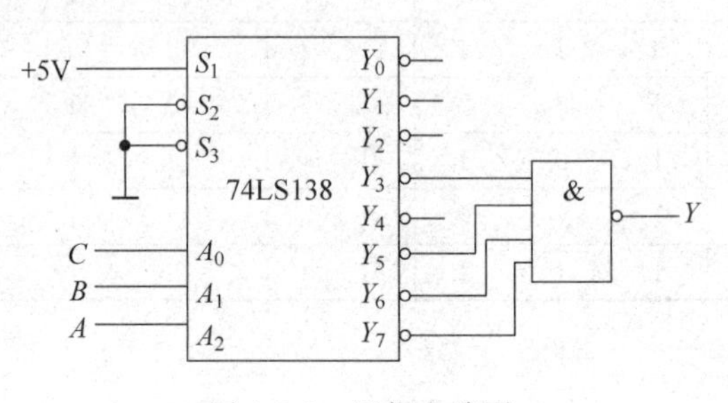

图 4-3-3 逻辑电路图

3. 预习要求

(1) 复习译码器的原理。

(2) 掌握 74LS138 集成块的功能和使用方法。

(3) 掌握用译码器设计组合逻辑电路的方法。

(4) 在预习报告中提前写出设计性实验的设计过程，并画出逻辑电路图。

(5) 画出实验中所用表格。

4. 实验设备与器件

本次实验所需设备与器件如表 4-3-3 所示。

表 4-3-3 实验设备与器件

序号	仪器或器件名称	型号或规格	数量
1	数字系统设计实验箱	TH-SZ	1
2	3 线-8 线译码器	74LS138	若干
3	双 4 输入与非门	74LS20	若干
4	安装 NI Multisim 10 的计算机		1

5. 计算机仿真实验内容

1) 在 NI Multisim 10 中用字信号发生器作为输入，测试并记录译码器 74LS138 的逻辑功能。

(1) 创建测试电路，如图 4-3-4 所示。

注：XWG1 为虚拟仪器工具条中的字信号发生器(Word Generator)，字信号发生器共 32 路数字信号输出端，标号为 0～31，标号为 0～2 的输出端分别与 74LS138 的三个输入端 A、B、C 相连，用来产生 0～7 顺序变化的三位输入变量。

(2) 设置字信号发生器。

① 双击 XWG1 图标，打开它的放大面板，如图 4-3-5 所示。单击 Controls 栏的 Cycle 键，表示字信号发生器在设置好的初始值和终止值之间周而复始地输出信号；单选 Display 栏下的 Hex 表示信号以十六进制数显示；单击 Trigger 栏的 Internal 键，表示内部触发，受 Cycle、Brust 和 Step 控制；Frequency 栏用于设置输出字信号频率，为了便于观察灯的规律变化，在此设置为 100Hz。

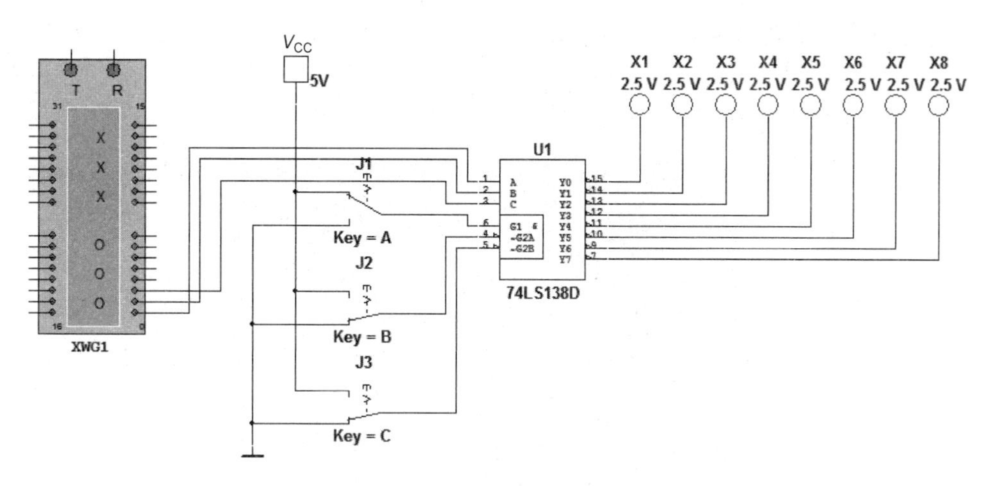

图 4-3-4　译码器仿真电路

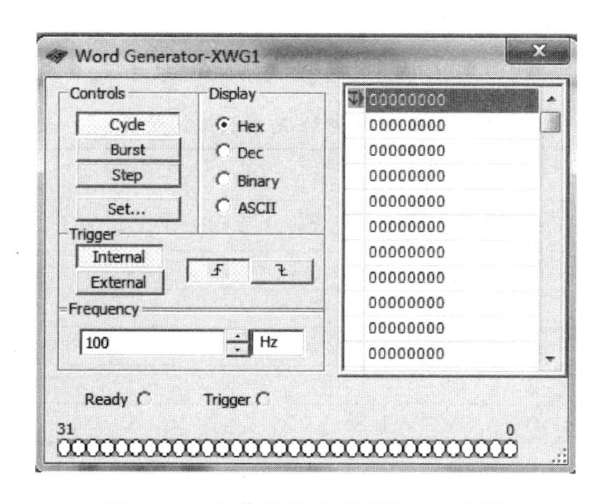

图 4-3-5　字信号发生器的放大面板图

② 单击放大面板右侧 8 位字信号编辑区进行逐行编辑，从上到下输入十六进制的 00000000～00000007 共 8 条 8 位字信号，如图 4-3-6 所示。

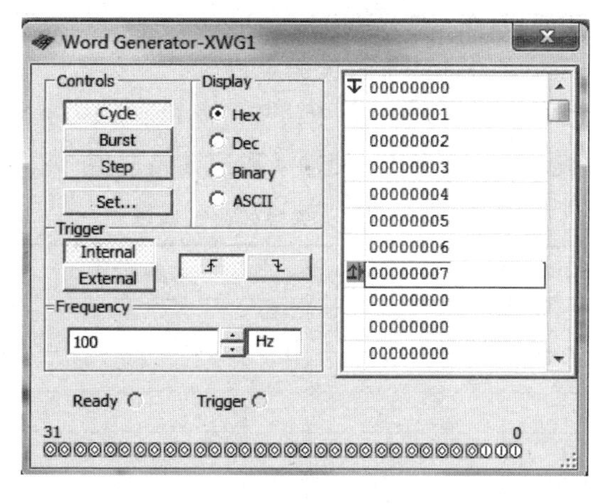

图 4-3-6　编辑好的 8 条字信号

③ 单击 Control 栏的 set…键，将弹出 Settings 对话框，如图 4-3-7 所示。选中 Display Type 栏下的 Hex 单选按钮，再在 Buffer Size(设置缓冲区大小)栏中输入 0008，然后单击 Accept 按钮回到放大面板。

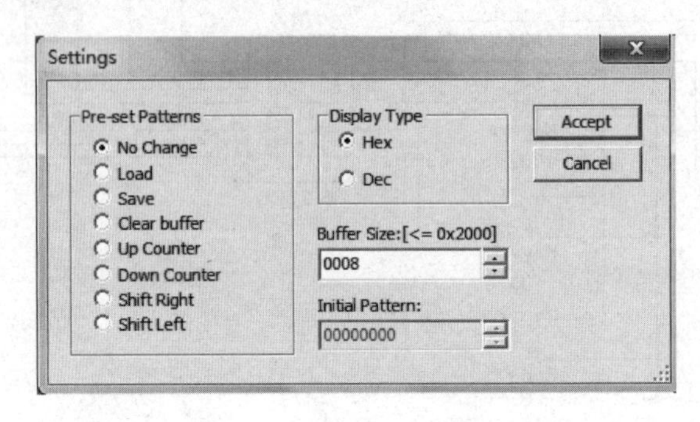

图 4-3-7 Settings 对话框

(3) 仿真并记录测试结果。

改变输入信号的状态，观察输出状态，将测试结果记录于表 4-3-4 中。

表 4-3-4 74LS138 功能测试记录表

输入						输出							
S_1	$\overline{S}_2$	$\overline{S}_3$	A_2	A_1	A_0	$\overline{Y}_0$	$\overline{Y}_1$	$\overline{Y}_2$	$\overline{Y}_3$	$\overline{Y}_4$	$\overline{Y}_5$	$\overline{Y}_6$	$\overline{Y}_7$
×	1	×	×	×	×								
×	×	1	×	×	×								
0	×	×	×	×	×								
1	0	0	0	0	0								
1	0	0	0	0	1								
1	0	0	0	1	0								
1	0	0	0	1	1								
1	0	0	1	0	0								
1	0	0	1	0	1								
1	0	0	1	1	0								
1	0	0	1	1	1								

2) 用 74LS138 和 74LS20 设计一个三人表决器。

(1) 参照图 4-3-3，在 Multisim 10 中创建仿真电路，如图 4-3-8 所示。

(2) 开启仿真开关，拨动 J1、J2 和 J3，使输入取遍 8 组取值，观察输出，填入表 4-3-5 中。

表 4-3-5 三人表决器仿真结果

输入			输出	输入			输出
C	B	A	X1	C	B	A	X1
0	0	0		1	0	0	
0	0	1		1	0	1	
0	1	0		1	1	0	
0	1	1		1	1	1	

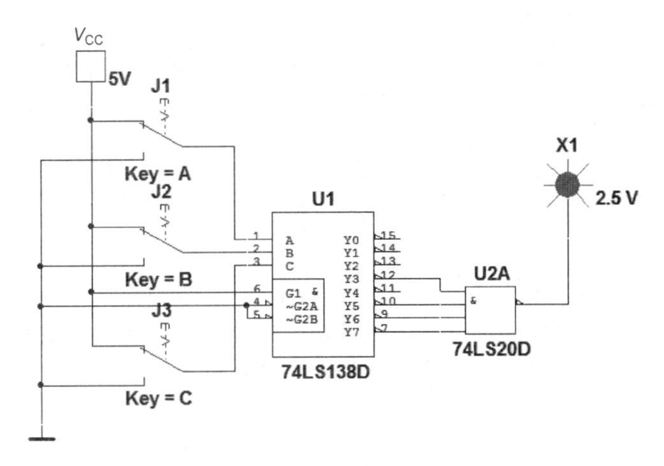

图 4-3-8　三人表决器仿真电路

3）用 74LS138 和 74LS20 设计一个全加器。

参照例 4-3-1 写出详细的设计过程，并在 Multisim 10 中仿真，74LS138 的三个输入端 A_2、A_1、A_0 接字信号发生器，使能端 S_1 接＋5V 电源，$\bar{S}_2$ 和 $\bar{S}_3$ 接地，自拟表格列出测试结果。

6．实验室操作实验内容

（1）测试 74LS138 译码器的逻辑功能。

将译码器使能端 S_1、$\bar{S}_2$、$\bar{S}_3$ 及地址输入端 A_2、A_1、A_0 分别接至实验箱的逻辑电平开关输出口，八个输出 $\bar{Y}_7\sim\bar{Y}_0$ 依次接发光二极管的输入口，拨动逻辑电平开关，按表 4-3-1 逐项测试 74LS138 的逻辑功能。

（2）参照例 4-3-17，用 74LS138 和 74LS20 设计一个全加器。

写出详细的设计过程，画出电路图，连接电路，输入端接实验箱的逻辑电平开关输出口，输出端接发光二极管的输入口，拨动逻辑电平开关，观察并记录输出结果，填入表 4-3-6 中。

表 4-3-6　全加器实验结果

输　入			输　出		输　入			输　出	
A_i	B_i	C_{i-1}	S_i	C_i	A_i	B_i	C_{i-1}	S_i	C_i
0	0	0			1	0	0		
0	0	1			1	0	1		
0	1	0			1	1	0		
0	1	1			1	1	1		

7．注意事项

（1）译码器的控制端一定不要漏接或错接。

（2）用译码器设计组合逻辑电路时，逻辑函数输入变量的高低位一定要和译码器输入端的高低位一致。

8．常见故障及解决方法

要对 MSI 设计的组合逻辑电路进行故障排查，电路原理和主要集成电路必须了解清楚，排查故障的步骤大致如下：

(1) 初步检查。对于 MSI 设计的组合逻辑电路，除了检查所用芯片的电源和地是否接好以外，还要检查集成芯片的使能端是否接好，这是与前面实验不同的地方。

(2) 逐级排查。

(3) 如果经过上述检查都没问题，就要考虑设计是否有错误。

9. 思考题

(1) 总结译码器主要的应用。

(2) 通过上述设计实验，你认为用译码器设计组合逻辑电路的关键是什么？

(3) 比较用门电路设计组合逻辑电路和用专用集成块设计组合逻辑电路各有什么优缺点？

4.4 数据选择器的应用与研究

1. 实验目的

(1) 掌握中规模集成数据选择器的逻辑功能和使用方法。

(2) 掌握用数据选择器设计组合逻辑电路的方法。

2. 实验原理

数据选择器：根据地址选择码从多路数据输入中选择一路送到输出。它的作用相当于多个输入的单刀多掷开关。常用的数据选择器有 4 选 1 数据选择器(74×153 双 4 选 1 数据选择器)、8 选 1 数据选择器(74×151)和 16 选 1 数据选择器等多种类型。

数据选择器的主要应用：实现并行数据到串行数据的转换、实现分时传输、实现组合逻辑函数等。

本实验采用集成数据选择器 74LS151，其功能表、引脚图和逻辑符号分别如表 4-4-1、图 4-4-1 和图 4-4-2 所示。

表 4-4-1 数据选择器 74LS151 的功能表

输入				输出	
$\overline{S}$	A_2	A_1	A_0	Y	$\overline{Y}$
1	×	×	×	0	1
0	0	0	0	D_0	$\overline{D_0}$
0	0	0	1	D_1	$\overline{D_1}$
0	0	1	0	D_2	$\overline{D_2}$
0	0	1	1	D_3	$\overline{D_3}$
0	1	0	0	D_4	$\overline{D_4}$
0	1	0	1	D_5	$\overline{D_5}$
0	1	1	0	D_6	$\overline{D_6}$
0	1	1	1	D_7	$\overline{D_7}$

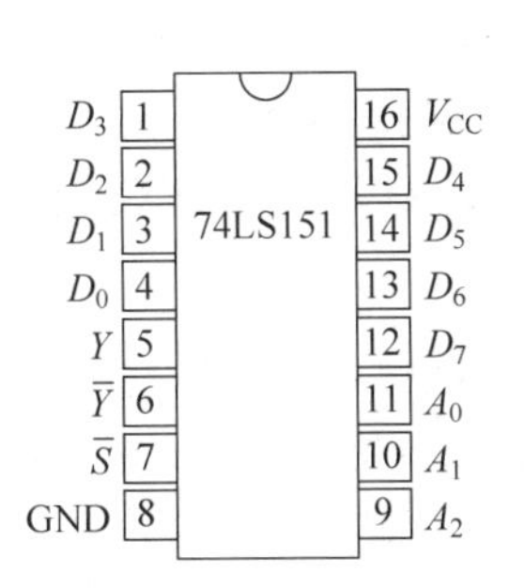

图 4-4-1　74LS151 引脚图

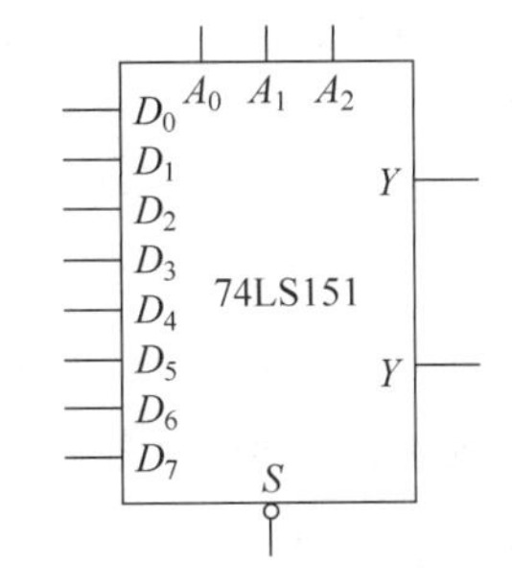

图 4-4-2　74LS151 逻辑符号

由 74LS151 的功能表可知，当 $\overline{S}=0$ 时，74LS151 的输出表达式为

$$Y=\overline{A_2}\,\overline{A_1}\,\overline{A_0}D_0+\overline{A_2}\,\overline{A_1}A_0D_1+\overline{A_2}A_1\overline{A_0}D_2+\overline{A_2}A_1A_0D_3+A_2\overline{A_1}\,\overline{A_0}D_4$$
$$+A_2\overline{A_1}A_0D_5+A_2A_1\overline{A_0}D_6+A_2A_1A_0D_7$$

所以，通过控制 D_i 就可以得到不同的组合逻辑函数，即数据选择器也可以实现组合逻辑函数。

【例 4-4-1】 用 74LS151 实现 $L=\overline{X}YZ+X\overline{Y}Z+XY$ 逻辑函数。

解：由于 74LS151 是 8 选 1 数据选择器，有 3 个地址输入端，所以 74LS151 可直接实现 3 变量的组合逻辑函数。

(1) 将逻辑函数化为最小项表达式的形式：

$$L=\overline{X}YZ+X\overline{Y}Z+XYZ+XY\overline{Z}$$

(2) 将变量 X、Y、Z 分别作为 74LS151 的地址码 A_2、A_1、A_0，并将该逻辑函数表达式与 74LS151 的输出表达式比较，可得

$$D_3=D_5=D_6=D_7=1 \quad 和 \quad D_0=D_1=D_2=D_4=0$$

这样，74LS151 的输出 Y 便实现了函数：$L=\overline{X}YZ+X\overline{Y}Z+XY$。

(3) 画逻辑电路图，如图 4-4-3 所示。

3. 预习要求

(1) 复习数据选择器的原理。

(2) 熟悉 74LS151 集成块的功能和使用方法。

(3) 掌握数据选择器设计组合逻辑电路的方法。

(4) 在预习报告中提前写出设计性实验的设计过程，并画出逻辑电路图。

(5) 画出实验中所用表格。

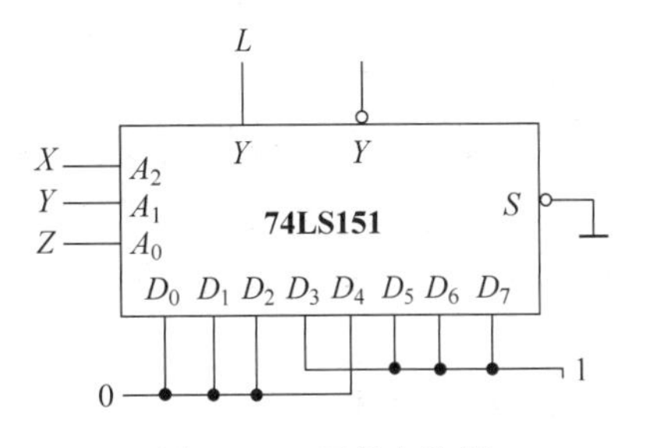

图 4-4-3　逻辑电路图

4. 实验设备与器件

本次实验所需设备与器件如表 4-4-2 所示。

表 4-4-2　实验设备与器件

序号	仪器或器件名称	型号或规格	数量
1	数字系统设计实验箱	TH-SZ	1
2	8 选 1 数据选择器	74LS151	若干
3	安装 NI Multisim 10 的计算机		1

5. 计算机仿真实验内容

(1) 在 Multisim 10 中测试并记录译码器 74LS151 的逻辑功能。

(2) 根据例 4-4-1,用 74LS151 实现三人表决器的功能,写出详细的设计过程,画出电路图,并在 Multisim 10 中仿真,自拟表格列出仿真结果。

(3) 选做内容:用一片 74HC151 实现 $Y(A,B,C,D)=\sum m(0,3,5,6,9,10,12,15)$。

要求:写出详细的设计过程,画出电路图,并在 Multisim 10 中仿真,自拟表格列出测试结果。

6. 实验室操作实验内容

(1) 测试并记录 74LS151 的功能表,输入端接逻辑电平开关输出口,输出端接发光二极管输入口。

(2) 用 74LS151 设计一个三人表决器,写出详细的设计过程,画出电路图,根据画好的电路图,在实验箱上连接好实验电路,测试其功能,自拟表格记录实验结果。

7. 注意事项

数据选择器的控制端一定不要漏接或错接。

8. 常见故障及解决方法

故障排查过程同实验 4.3。

9. 思考题

(1) 总结数据选择器主要的应用。

(2) 通过上述设计实验,你认为用数据选择器设计组合逻辑电路的关键是什么?

(3) 怎样用双 4 选 1 数据选择器 74LS153 实现全加器?

(4) 怎样利用数据选择器实现分时传输?例如要求用数据选择器分时传送 4 位 8421BCD 码,并译码显示。

4.5 触发器的研究

1. 实验目的

(1) 掌握各类触发器的逻辑功能及其测试方法。

(2) 掌握触发器逻辑功能之间的相互转换。

(3) 熟悉时钟对触发器的触发作用,进一步熟悉实验箱中单脉冲和连续脉冲发生器的使用方法。

2. 实验原理

触发器是构成时序逻辑电路的基本单元,是一种具有记忆功能,能存储 1 位二进制信息的逻辑电路,在数字系统和计算机中有着广泛的应用。根据电路结构触发器可分主从触发器、维持阻塞触发器和利用传输延迟的触发器;根据逻辑功能触发器可分为 D 触发器、JK 触发器、T(T′)触发器和 SR 触发器。触发器的功能可用特性表、特性方程、状态图和功能说明来描述。触发器的电路结构与逻辑功能没有必然联系。触发器的特点:

(1) 具有两个能自行保持的稳定状态:0 状态和 1 状态。

(2) 加入适当的触发信号,电路可由一个稳态翻转到另一个稳态,即触发器具有触发翻转的性质。

(3) 当触发信号撤销后,能将获得的新状态保存下来。

下面分别介绍几种常见触发器。

1) JK 触发器

在输入信号为双端的情况下,JK 触发器是功能完善、使用灵活和通用性较强的一种触发器。JK 触发器的特性方程为

$$Q^{n+1}=J\overline{Q^n}+\overline{K}Q^n$$

JK 触发器有置 0、置 1、保持和翻转功能,且没有约束条件,特性表如表 4-5-1 所示。

表 4-5-1　JK 触发器的特性表

J	K	Q^{n+1}	功　能
0	0	Q^n	保持
0	1	0	置 0
1	0	1	置 1
1	1	$\overline{Q^n}$	翻转

2) D 触发器

在输入信号为单端的情况下,D 触发器用起来最为方便,且应用很广,可用作数字信号的寄存,移位寄存,分频和波形发生等,其特性方程为

$$Q^{n+1}=D$$

特性表如表 4-5-2 所示。

3) T 触发器

在数字电路中,凡在 CP 时钟脉冲控制下,根据输入信号 T 取值的不同,具有保持和翻转功能的电路,都称为 T 触发器。其特性方程为

$$Q^{n+1}=T\oplus Q^n$$

特性表如表 4-5-3 所示。

表 4-5-2　D 触发器的特性表

D	Q^{n+1}	功能
0	0	置 0
1	1	置 1

表 4-5-3　T 触发器特性表

T	Q^{n+1}	功能
0	Q^n	保持
1	$\overline{Q^n}$	翻转

4) T′触发器

T′触发器只有翻转功能。将 T 触发器的 T 端接固定高电平就可得到 T′触发器。

5) 触发器之间的转换

触发器的转换就是用一个已有的触发器,去实现另一类型触发器的功能。

转换的意义:最常见的市售集成触发器是 JK 触发器和 D 触发器,若要实现其他触发器的逻辑功能,则可由 JK 触发器和 D 触发器进行转换。

转换方法:利用令已有触发器和待求触发器的特性方程相等的原则,求出转换逻辑电路,如图 4-5-1 所示。

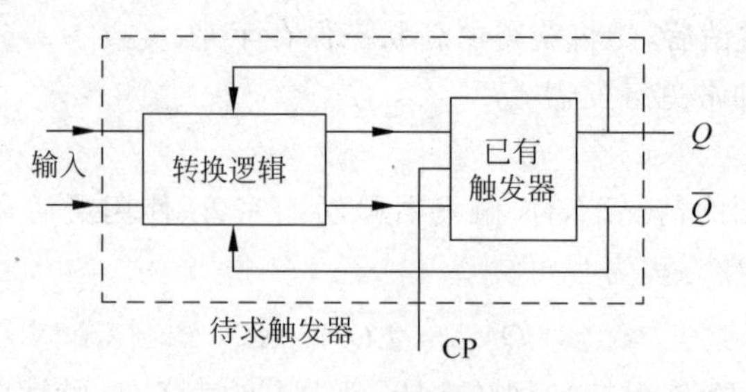

图 4-5-1 转换原理图

转换步骤：

(1) 写出已有触发器和待求触发器的特性方程。

(2) 变换待求触发器的特性方程，使之形式与已有触发器的特性方程一致。

(3) 比较已有和待求触发器的特性方程，根据两个方程相同的原则求出转换逻辑。

(4) 根据转换逻辑画出逻辑电路图。

【例 4-5-1】 将 JK 触发器转换为 D 触发器。

解：(1) 写出 JK 触发器和 D 触发器的特性方程：

$$Q^{n+1} = J\overline{Q^n} + \overline{K}Q^n$$

$$Q^{n+1} = D$$

(2) 变换 D 触发器的特性方程，使之与 JK 触发器的特性方程一致。

$$Q^{n+1} = D = D \cdot (Q^n + \overline{Q^n}) = D \cdot \overline{Q^n} + D \cdot Q^n$$

(3) 把 JK 触发器的特性方程和变换后的 D 触发器的特性方程比较可得：

$$J = D, K = \overline{D}$$

(4) 画逻辑图，如图 4-5-2 所示。

虚线框内为所求的转换逻辑电路。

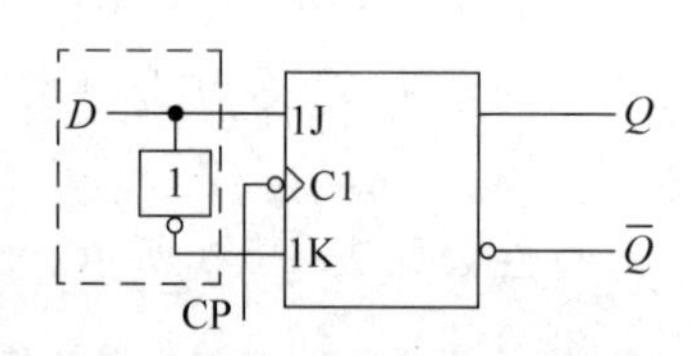

图 4-5-2 转换后的逻辑图

6) 74LS112 和 74LS74 引脚图

本实验采用的是下降沿触发的双边沿 JK 触发器 74LS112 和上升沿触发的双边沿 D 触发器 74LS74，其引脚图分别如图 4-5-3 和图 4-5-4 所示。

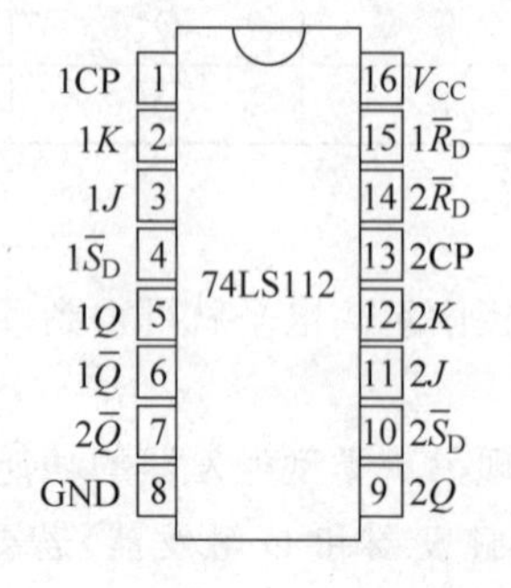

图 4-5-3 74LS112 引脚图

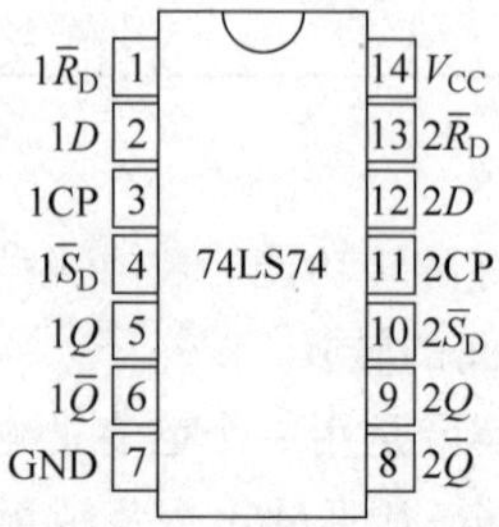

图 4-5-4 74LS74 引脚图

其中 $\overline{S}_D$ 为直接置 1 端，$\overline{R}_D$ 为直接置 0 端，低电平有效。即只要当 $\overline{S}_D=0$ 时，$Q=1$；只要当 $\overline{R}_D=0$ 时，$Q=0$。$\overline{S}_D$ 和 $\overline{R}_D$ 的作用与 CP 无关，所以也称为异步置 1 端和异步置 0 端。

注：$\overline{S}_D$ 和 $\overline{R}_D$ 不能同时为有效电平。

3. 预习要求

(1) 复习各类触发器的逻辑功能及其描述方法。

(2) 掌握集成触发器中直接置 1 端和直接置 0 端的功能。

(3) 复习各类触发器之间的转换方法。

(4) 在预习报告中写出设计性实验的设计过程，并画出逻辑电路图，对于选做内容可自行在 Multisim 10 中进行仿真。

(5) 画出实验中用到的表格。

4. 实验设备与器件

本次实验所需设备与器件如表 4-5-4 所示。

表 4-5-4　实验设备与器件

序号	仪器或器件名称	型号或规格	数量
1	数字系统设计实验箱	TH-SZ	1
2	双踪示波器	VP-5565D	1
3	集成 D 触发器	74LS74	若干
4	集成 JK 触发器	74LS112	若干
5	四 2 输入与非门	74LS00	若干
6	安装 NI Multisim 10 的计算机		1

5. 计算机仿真实验内容

1) 异步置位 $\overline{S}_D$ 及异步复位 $\overline{R}_D$ 功能的测试。

(1) 创建测试电路，如图 4-5-5 所示。

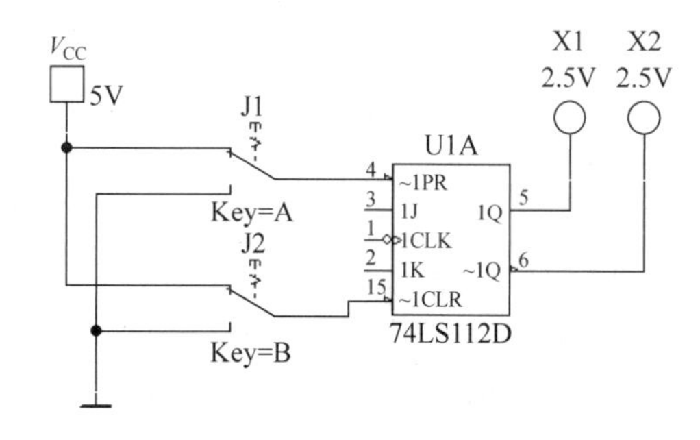

图 4-5-5　JK 触发器的异步置位及异步复位测试电路

(2) 开启仿真开关，按表 4-5-5 分别拨动开关 J1 或 J2，根据两灯的变化情况，填入表 4-5-5。

表 4-5-5　JK 触发器直接置 1 端和直接置 0 端测试

−PR(异步置位端)	−CLR(异步复位端)	1Q	−1Q
H	H→L		
	L→H		
H→L	H		
L→H			

2）JK 触发器逻辑功能测试。

（1）创建测试电路如图 4-5-6 所示。

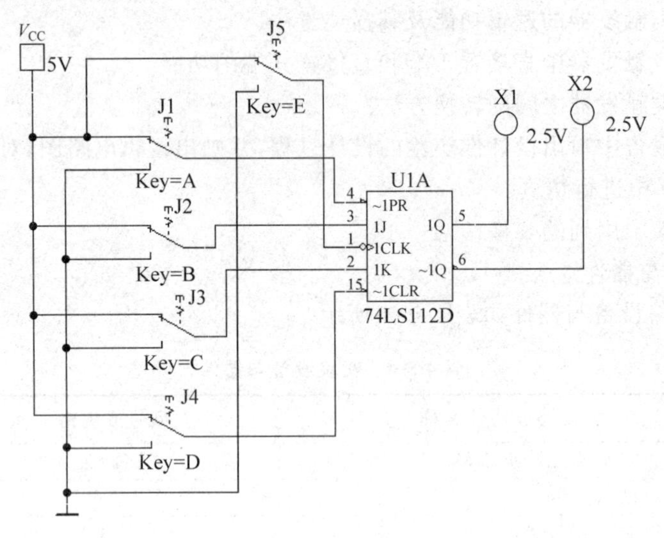

图 4-5-6　JK 触发器逻辑功能测试仿真电路

（2）开启仿真开关，按表 4-5-6 拨动开关，将结果填入表 4-5-6 中。

表 4-5-6　JK 触发器逻辑功能测试真值表

J	K	CP（1CLK）	Q^{n+1}	
			$Q^n=0$	$Q^n=1$
0	0	0→1		
		1→0		
0	1	0→1		
		1→0		
1	0	0→1		
		1→0		
1	1	0→1		
		1→0		

注：每次加 CP 脉冲前必须先设置好初态，可用直接置 1（－1PR）和直接置 0 端（－1CLR）设置触发器的初态 Q^n，设置完毕后，须将直接置 1 端和直接置 0 端回到高电平。

3）根据上述方法和要求，测试 D 触发器 74LS74 的逻辑功能。

6. 实验室操作实验内容

1）JK 触发器

（1）测试 74LS112 集成 JK 触发器的直接置 1 端和直接置 0 端的功能。在 74LS112 中任选其中一触发器，将该触发器的 PR 端和 CLR 端分别接至实验箱的两个逻辑电平开关输出口，J、K 和 CP 端开路，输出端接到发光二极管输入口，自拟表格记录实验结果（参考表 4-5-5）。

(2) 测试 JK 触发器的逻辑功能。将触发器的 J、K、PR 和 CLR 端分别接实验箱的四个逻辑电平开关输出口，将 CLK 端接单次脉冲源，输出端接到发光二极管输入口，PR、CLR 端置高电平，改变 J、K、CP 端状态，观察 Q、$\bar{Q}$ 状态变化，用列表的形式记录之(参考表 4-5-6)。

(3) 写出 JK 触发器的特征方程。

2) D 触发器

(1) 测试 74LS74 集成触发器的直接置 1 端和直接置 0 端的功能。

(2) 测试 D 触发器的逻辑功能，改变 D、CP 端状态，观察 Q、$\bar{Q}$ 状态变化，观察触发器状态更新是否发生在 CP 脉冲的上升沿，用列表的形式记录之。

(3) 写出 D 触发器的特征方程。

3) 选做内容：触发器之间的转换

(1) 将 JK 触发器分别转换为 T 和 T′触发器。

要求：① 写出设计过程，画出电路图；根据电路图搭接电路，测试并列出测试真值表。

② 写出 T、T′触发器的特性方程。

(2) 将 D 触发器分别转换为 T 和 T′触发器。

要求：写出设计过程，画出电路图；根据电路图搭接电路，测试并列出测试真值表。

7. 注意事项

(1) 测试双 JK 触发器的逻辑功能时，只需测试其中一个触发器即可。

(2) 为了便于观察输出状态的变化，将 CP 接到单次脉冲源上。

8. 常见故障及解决方法

故障现象：当输入改变时，触发器的输出却保持不变。

原因 1：触发器的直接置 0 或直接置 1 端被接入低电平。

解决办法：用万用表测量直接置 0 端或直接置 1 端的电压，看是否为低电平，若为低电平改接为高电平，然后再测试一下逻辑功能，若功能正确，说明是此原因，否则可能是原因 2。

原因 2：对触发器边沿触发特性概念不清，CP 接入错误或 CP 脉冲出现故障。

解决办法：深刻理解触发器的边沿触发特性，检查 CP 脉冲是否正确。

9. 思考题

(1) 什么是电平触发？什么是主从触发？什么是边沿触发？

(2) 触发器复位、置位的正确操作方法是什么？触发器实现正常逻辑功能时，其复位、置位端应处于什么逻辑状态？

(3) 在实际的硬件实验电路中，能用逻辑电平开关作为触发器的 CP 时钟脉冲输入信号源吗？为什么？

(4) 如何把 D 触发器转换为 RS 触发器、JK 触发器？

(5) 当 $J=K=1$ 时，JK 触发器 Q 端输出信号与时钟脉冲信号之间存在什么关系？

4.6　计数器及其应用

1. 实验目的

(1) 熟悉集成计数器的逻辑功能和各控制端的作用，理解同步清零、异步清零、同步置数和异步置数的区别。

(2) 掌握 MSI 集成计数器的扩展原理与测试方法。

(3) 能够灵活运用集成计数器,实现任意进制的计数器和分频器。

2. 实验原理

计数器是数字系统中的基本逻辑部件,其功能是记录输入脉冲的个数。它所能记忆的最大脉冲个数称为该计数器的模。它广泛应用于分频、定时、产生脉冲序列和数字运算中。

计数器的分类:

(1) 按照脉冲输入方式:分为同步和异步计数器。

(2) 按照进位体制:分为二进制、十进制和任意进制计数器。

(3) 按照计数方式:分为加法、减法和可逆计数器。

(4) 按照电路集成度:分为小规模集成计数器和中规模集成计数器。

本实验采用的是中规模集成计数器 74LS161,引脚图和逻辑符号分别如图 4-6-1 和图 4-6-2 所示,功能表如表 4-6-1 所示。

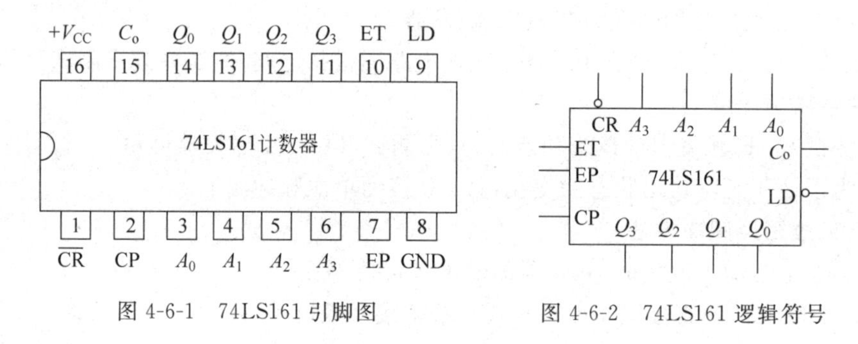

图 4-6-1 74LS161 引脚图　　　　图 4-6-2 74LS161 逻辑符号

表 4-6-1 74LS161 同步二进制计数器功能表

输入									输出			
$\overline{CR}$	$\overline{LD}$	EP	ET	CP	A_3	A_2	A_1	A_0	Q_3	Q_2	Q_1	Q_0
0	×	×	×	×	×				0	0	0	0
1	0	×	×	↑	d	c	b	a	d	c	b	a
1	1	1	1	↑	×				计数			
1	1	0	×	×	×				保持			
1	1	×	0	×	×				保持			

从功能表可以看出,74LS161 具有异步清零和同步置数的功能。

用集成计数器构成任意进制计数器:

1) 用同步清零端或同步置数端归零构成 N 进制计数器。

使计数器从初态 0 开始计数,经历 $N-1$ 个时钟脉冲到达终止态 S_{N-1},利用外电路产生清零信号并反馈到计数器同步清零或同步置数端,使计数器在第 N 个时钟脉冲回到初态 0。

(1) 写出状态 S_{N-1} 的二进制代码。

(2) 求归零逻辑,即求同步清零或同步置数控制端信号的逻辑表达式,画出电路图。

2）用异步清零端或异步置数端归零构成 N 进制计数器。

使计数器从初态 0 开始计数，经历 N 个时钟脉冲到达终止态的下一个状态 S_N，利用外电路产生清零信号并反馈到计数器的异步清零或异步置数端，使计数器马上回到初态 0，S_N 状态是短暂的过渡状态。

(1) 写出状态 S_N 的二进制代码。

(2) 求归零逻辑，即求异步清零或异步置数控制端信号的逻辑表达式，画出电路图。

【例 4-6-1】 用 74LS161 来构成一个九进制计数器。

方法一：反馈清零法(异步清零)。

$S_N=S_9=1001$，$\overline{CR}=\overline{Q_3^nQ_0^n}$，电路如图 4-6-3 所示。

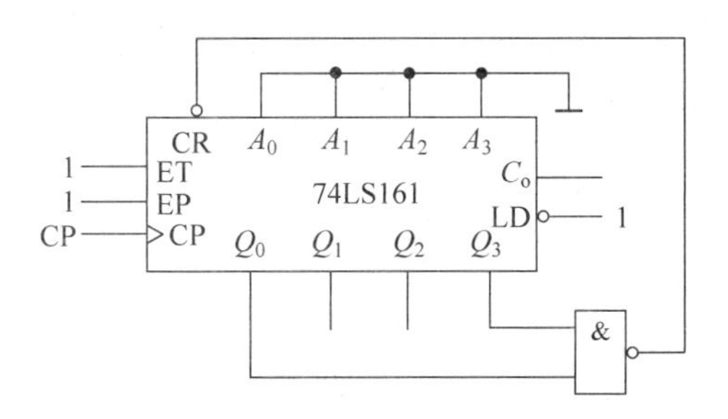

图 4-6-3 异步清零法构成的九进制计数器

方法二：反馈置数法(同步置数)。

$S_{N-1}=S_8=1000$，$\overline{PE}=\overline{Q_3^n}$，电路如图 4-6-4 所示。

反馈置数法也可使 $A_3A_2A_1A_0$ 接 0111，$\overline{LD}=\overline{C_o}$，则计数状态为 0111～1111，电路如图 4-6-5 所示。

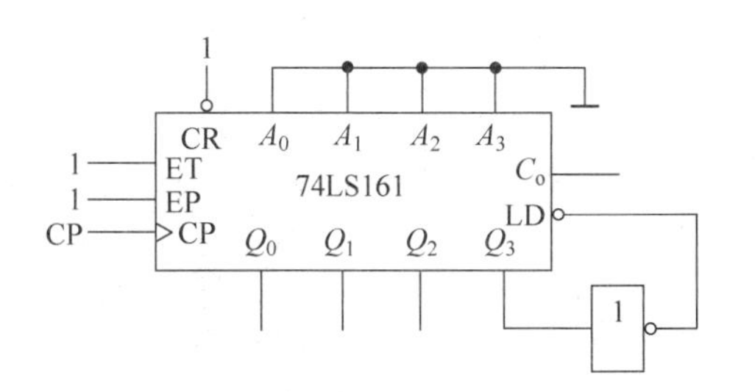

图 4-6-4 同步置数法构成的九进制计数器

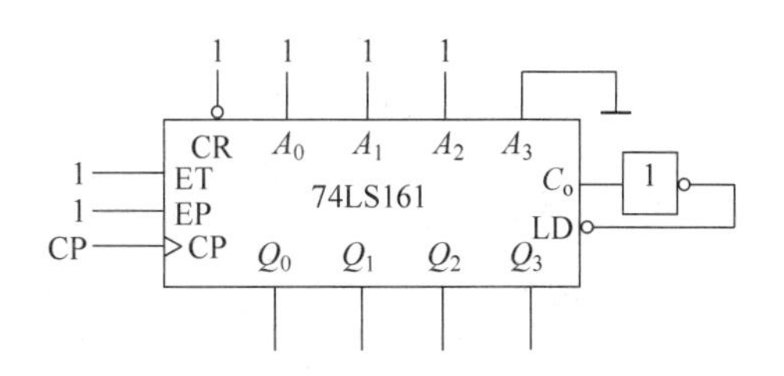

图 4-6-5 反馈置数法的另一种电路

单片计数器的计数范围是有限的，当计数模值 M 超过计数范围 N，即 $M>N$ 时，可以先扩展计数器模值大于 M，如采用两片 74LS161 可以扩展为 256 进制计数器，由 256 进制计数器用反馈清零法和反馈置数法实现 256 进制以内的任意进制计数器。也可用拆分法，如 $M=N_1\times N_2\times\cdots\times N_i$，如 $M=60=6\times 10$，可以先用一个六进制计数器和一个十进制计数器级联而成。需要注意的是，各片之间级联时必须保证低位片有进位信号送入高位片的 CP。

3. 预习要求

(1) 掌握集成计数器 74LS161 的逻辑功能和使用方法。

(2) 掌握由集成计数器构成任意进制计数器的方法。

(3) 根据实验内容要求,在预习报告中写出设计过程,并画出逻辑电路图、画出实验用表格。

4. 实验设备与器件

本次实验所需设备和器件如表 4-6-2 所示。

表 4-6-2 实验设备与器件

序号	仪器或器件名称	型号或规格	数量
1	数字系统设计实验箱	TH-SZ	1
2	双踪示波器	VP-5565D	1
3	4 位二进制加法计数器	74LS161	若干
4	四 2 输入与非门	74LS00	若干
5	双 4 输入与非门	74LS20	若干
6	安装 NI Multisim 10 的计算机		1

5. 计算机仿真实验内容

1) 反馈清零法构成九进制计数器

(1) 按照图 4-6-3 创建仿真电路如图 4-6-6 所示。

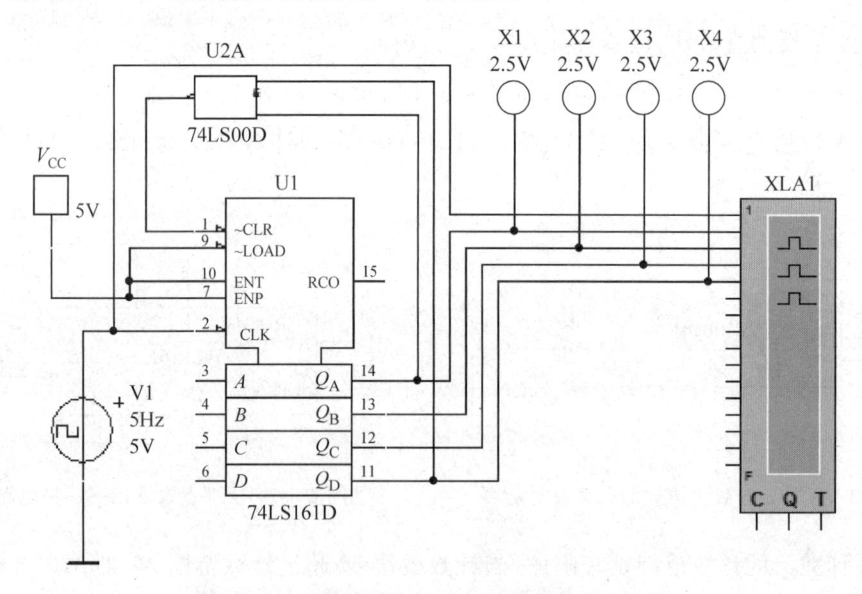

图 4-6-6 反馈清零法构成九进制的仿真电路图

① 时钟信号 V1: Place Source → SIGNAL _ VOLTAGE _ SOURCES → CLOCK _ VOLTAGE,把时钟信号的频率设置成 5Hz,幅度设置成 5V。

② 逻辑分析仪 XLA1: 从虚拟仪器工具栏调取 XLA1。

(2) 单击仿真开关,观察 4 个指示灯的明暗变化,画出状态循环图。

(3) 停止仿真,把时钟信号源的频率改为 2kHz,再次开启仿真开关,双击逻辑分析仪打开放大面板,观察各输出波形和时钟信号的分频关系,其面板设置可参阅图 4-6-7。

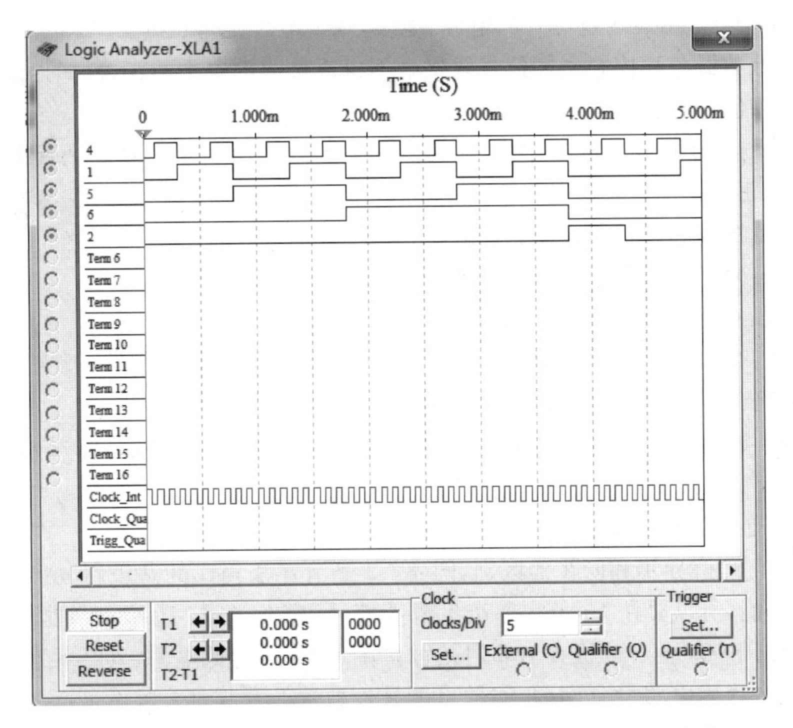

图 4-6-7　逻辑分析仪显示的时钟信号和输出端 $Q_0 \sim Q_3$ 的波形

2）反馈置数法构成九进制计数器

要求：参照图 4-6-4 创建仿真电路，用指示灯观察计数器的状态变化，画出状态循环图；用逻辑分析仪观察时钟和各输出端波形的关系。

3）选做内容：用整体反馈清零或整体反馈置数法构成六十进制计数器。

要求：写出设计过程，画出电路图，在 Multisim 10 中进行仿真。

6. 实验室操作实验内容

（1）按表 4-6-1 逐行测试 74LS161 的逻辑功能。将 74LS161 的 CP 接实验箱的单次脉冲输出孔，将清零端$\overline{CR}$、置数控制端$\overline{LD}$、预置数据输入端 $A_3A_2A_1A_0$ 接逻辑电平开关输出口，输出端接发光二极管输入口。

（2）用 74LS161 构成十进制计数器（分别用反馈清零法和反馈置数法来实现），将 CP 接到单次脉冲输出孔或接到连续脉冲（脉冲频率选择 1Hz 的档位）输出孔，输出用数码管或发光二极管显示计数情况，并画出状态循环图。

（3）选做内容：用 74LS161 构成二十四进制计数器，将 CP 接到单次脉冲输出孔，用数码管显示计数情况，测试并列出其真值表。

7. 注意事项

（1）注意 74LS161 的触发方式。

（2）注意异步和同步的区别，74LS161 是异步清零、同步置数。

8. 常见故障及解决方法

故障现象 1：计数器不计数。

原因 1：计数器芯片的电源、地线接触不良。

解决办法：用万用表测量芯片的电源、地线，观察电压是否正确。

原因2：计数器芯片控制引脚信号线接触不良或接入的电平不正确，如把清零端接了低电平或置数端接了低电平。

解决办法：用万用表测量芯片控制引脚电平状态，从而判断信号线是否接触良好或接入的电平是否正确。

原因3：计数器芯片控制引脚悬空。

解决办法：把控制引脚接入正确的电平，悬空容易引入干扰。

原因4：没有时钟信号输入。

解决办法：用示波器观测连续时钟信号，用万用表观测单脉冲信号，观察是否有时钟信号，时钟信号高、低电平是否满足芯片所需要求。

故障现象2：计数器计数进制不对，如用74LS161构成九进制，测试结果却不是九进制。

原因：没有在正确的状态产生清零或置数信号。

解决办法：理解异步和同步的区别，图4-6-3是清零法构成的九进制，由于74LS161具有异步清零功能，所以要在1001状态产生清零信号，检查步骤：①检查与非门的两个输入端是否接在 Q_3 和 Q_0 上。②检查与非门是否只在1001产生低电平，其余状态都为高电平，若是，说明整个译码电路没有问题，问题可能是计数器芯片损坏；若不是，说明与非门有问题，需更换与非门。

9. 思考题

(1) 如何理解同步清零和异步置数？

(2) 总结用集成计数器实现任意进制计数器的方法。

(3) 用74LS161及74LS138怎样构成五进制计数器？

(4) 用74LS161及74LS138怎样设计一个序列00110101的脉冲序列发生器(提示：用74LS138的Y端输出脉冲序列，先编码使Y端的状态与计数器的状态一一对应)？

4.7 555定时器及其应用

1. 实验目的

(1) 熟悉555定时器的内部结构和基本原理。

(2) 掌握555定时器的逻辑功能和使用方法。

(3) 掌握555定时器电路组成基本应用电路的方法。

2. 实验原理

1) 555定时器的工作原理

555定时器是一种集模拟、数字于一体的中规模集成电路，该电路使用灵活、方便，应用极为广泛，由555定时器可以很方便地构成单稳态触发器、多谐振荡器和施密特触发器等电路。其内部电路和引脚分别如图4-7-1和图4-7-2所示。

从图4-7-1中可以看出555定时器由3个5kΩ电阻构成的分压电路，两个电压比较器 C_1、C_2，RS锁存器、放电管T及缓冲器G构成。在8个引脚中，2、4、5、6引脚属于输入；3、7引脚属于输出；1、8引脚属于电源控制端口。

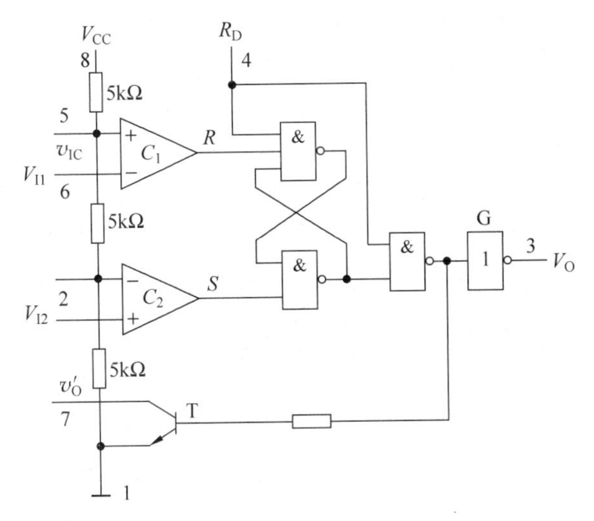

图 4-7-1　555 定时器内部电路图

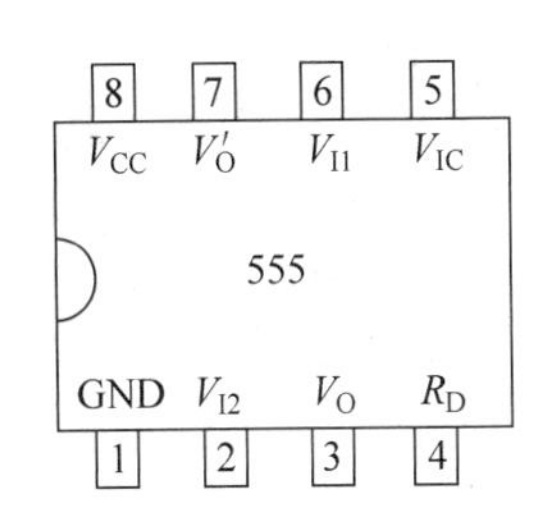

图 4-7-2　555 定时器引脚图

555 定时器功能表如表 4-7-1 所示（V_{IC}悬空时）。

表 4-7-1　555 定时器功能表

输　　入			输　　出	
V_{I1}	V_{I2}	R_D	V_O	T
×	×	L	0	导通
$>\frac{2}{3}V_{CC}$	$>\frac{1}{3}V_{CC}$	H	0	导通
$<\frac{2}{3}V_{CC}$	$<\frac{1}{3}V_{CC}$	H	1	截止
$<\frac{2}{3}V_{CC}$	$>\frac{1}{3}V_{CC}$	H	保持	保持

2）555 定时器的典型应用

（1）单稳态触发器

图 4-7-3 为 555 定时器和外接定时元件 R、C 构成的单稳态触发器。在接通电源瞬间，由于电容两端电压不能突变，因此，电容 C 两端将维持 0 电位值，若此时外界从 2 引脚输入高电平信号，则通过电压比较器 C_1、C_2 输送到 RS 锁存器 S、R 端值为 1，则输出将维持 0 值，此时电路处于稳定状态；若某时刻外界通过 2 引脚输入一负脉冲信号，对应于 S、R 值为 0、1，则输出跳变为 1，放电管 T 截止，此时电源 V_{CC}通过电阻 R 给电容充电，当电容充电到$\frac{2}{3}V_{CC}$时，输出跳变为 0，放电管 T 导通，电容开始放电，当电容放完存储的电荷后，电路回到稳态。由以上分析可知，该电路功能为通过外接触发信号来产生一个单次具有一定脉宽的矩形波信号。

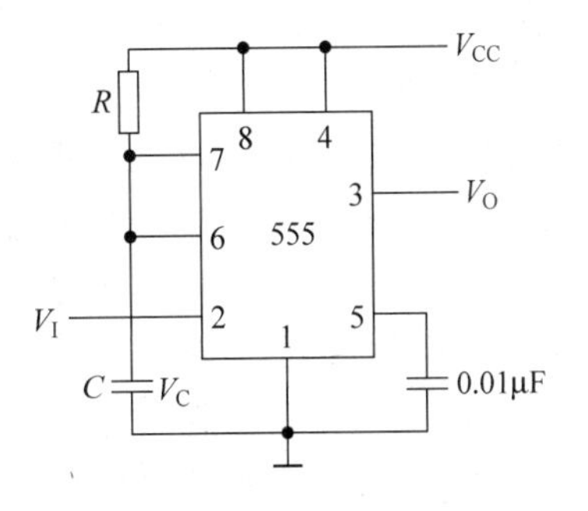

图 4-7-3　555 定时器构成单稳态触发器

暂稳态持续的时间 T_W(脉冲宽度)取决于外接原件 R、C 值的大小，表达式为

$$T_W \approx 1.1RC$$

通过改变 R、C 值的大小，可实现对脉冲宽度的调整。触发信号 V_I、电容上的电压信号 V_C 和输出信号 V_O 的波形如图 4-7-4 所示。

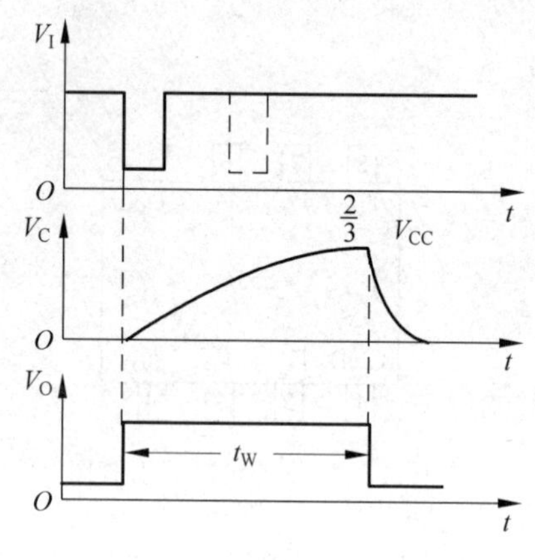

图 4-7-4 单稳态触发器的波形图

(2) 多谐振荡器电路

由 555 定时器构成的多谐振荡器电路如图 4-7-5 所示。接通电源，此时 2 引脚与 6 引脚为输入低电平状态，对应于内部 RS 锁存器的 S、R 端值为 0、1，因此 555 输出端为 1，放电管 T 截止，电源经过电阻 R_1、R_2 向电容 C 充电。当电容充到 $\frac{2}{3}V_{CC}$ 时，对应于 RS 锁存器的 S、R 端值为 1、0，输出跳变为 0，放电管 T 导通，电容通过电阻 R_2 开始放电，当放电导致电容电位下降到低于 $\frac{1}{3}V_{CC}$ 时，对应于 RS 锁存器的 S、R 端值为 0、1，则输出跳变为 1，放电管 T 截止，电容再次开始充电。如此反复，形成振荡波形，如图 4-7-6 所示。

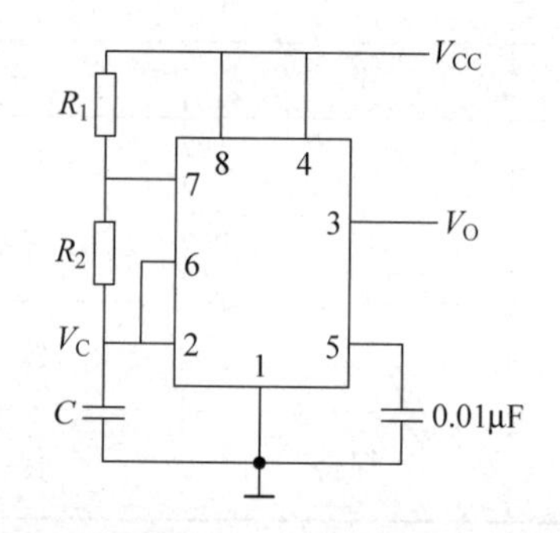

图 4-7-5 555 定时器构成多谐振荡器图

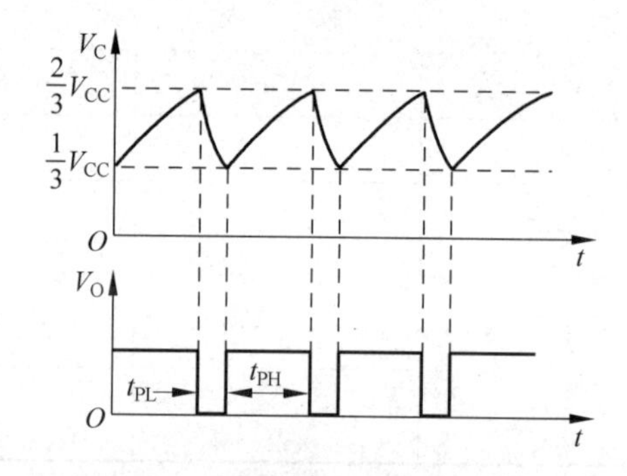

图 4-7-6 多谐振荡器的波形图

振荡周期公式为

$$T = t_{PL} + t_{PH} \approx 0.7R_2C + 0.7(R_1 + R_2)C \approx 0.7(R_1 + 2R_2)C$$

在此公式中要注意电容充电与放电回路中的电阻值，t_{PL} 是电容放电过程，放电回路中经过的电阻为 R_2，t_{PH} 是电容充电过程，充电回路中经过电阻 R_1 和 R_2。

多谐振荡器的特点是不需外界激发，能够自发地产生连续的矩形波，因此，可以根据多谐振荡器的振荡周期公式，合理调整占空比，使之产生可以在时序逻辑电路中使用的连续的时钟信号。

(3) 施密特触发器

将 555 定时器的 2 端口与 6 端口连接在一起，便构成了施密特触发器，如图 4-7-7 所示。假定输入信号为

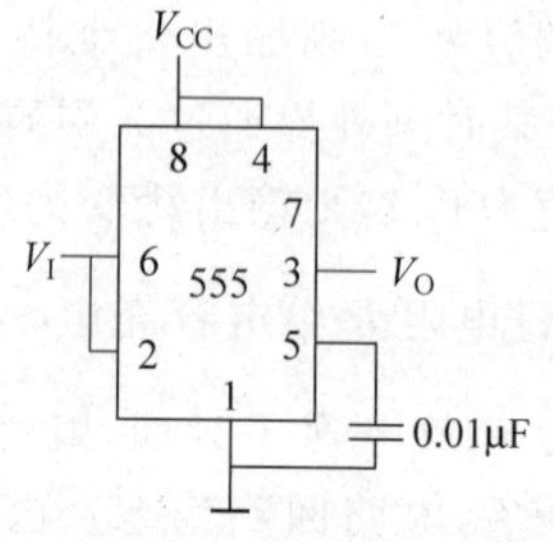

图 4-7-7 555 定时器构成的施密特触发器图

图 4-7-8 (a)所示，则当输入信号逐渐增大刚刚超过 V_{T^-} $\left(\frac{1}{3}V_{CC}\right)$时，555 内部触发器对应的 R、S 值为 0、1，则对应的输出端输出为 0，输出无跳变。当输入信号继续增加，增加到刚刚越过 V_{T^+} $\left(\frac{2}{3}V_{CC}\right)$时，555 内部触发器对应的 R、S 值为 1、0，则对应的输出端输出为 1，输出发生跳变。当输入信号从高点逐渐减少时，当刚刚低于 V_{T^+} $\left(\frac{2}{3}V_{CC}\right)$时，输入信号继续减少，当输入信号电压减少到低于 V_{T^-} $\left(\frac{1}{3}V_{CC}\right)$时，555 内部触发器对应的 R、S 值为 0、1，则对应的输出端输出为 0，输出发生跳变。

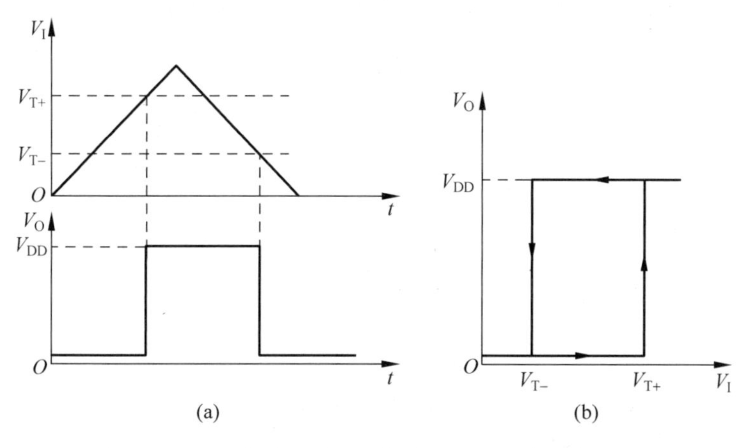

图 4-7-8　施密特触发器的工作波形及电压传输特性曲线

从以上介绍的施密特触发器功能看，其与前面介绍的两种触发器有所不同，施密特触发器属于电平触发，对于缓慢变化的信号仍然适用，当输入信号达到某一电压值时，输出电压会发生改变，即当输入信号逐渐增加或逐渐减少时，电路会按照不同的阈值电压进行跳变，即施密特触发器内部含有两个阈值，输入信号增加或减少会按照不同的阈值进行跳变。施密特触发器的功能是将非矩形波转换为矩形波。例如，当输入如图 4-7-8 (a)所示波形时，则从施密特触发器的 V_O 端可得到矩形波输出。图 4-7-8 (b)所示为其传输特性曲线。

3. 预习要求

(1) 复习 555 定时器的工作原理及其应用。

(2) 复习单稳态触发器及多谐振荡器工作原理。

(3) 拟定实验中所需的数据和波形表格。

(4) 拟定各个实验方案及步骤。

4. 实验设备与器件

本次实验所需设备和器件如表 4-7-2 所示。

表 4-7-2　实验设备与器件

序号	仪器或器件名称	型号或规格	数量
1	数字系统设计实验箱	TH-SZ	1
2	数字示波器	VP-5565D	1
3	555 定时器	NE555	若干

续表

序号	仪器或器件名称	型号或规格	数量
4	电阻	根据需要	若干
5	电容	根据需要	若干
6	安装 NI Multisim 10 的计算机		1

5. 计算机仿真实验内容

1) 555 构成单稳态触发器

(1) 创建仿真电路

根据单稳态电路的原理图 4-7-3 创建仿真电路，如图 4-7-9 所示。

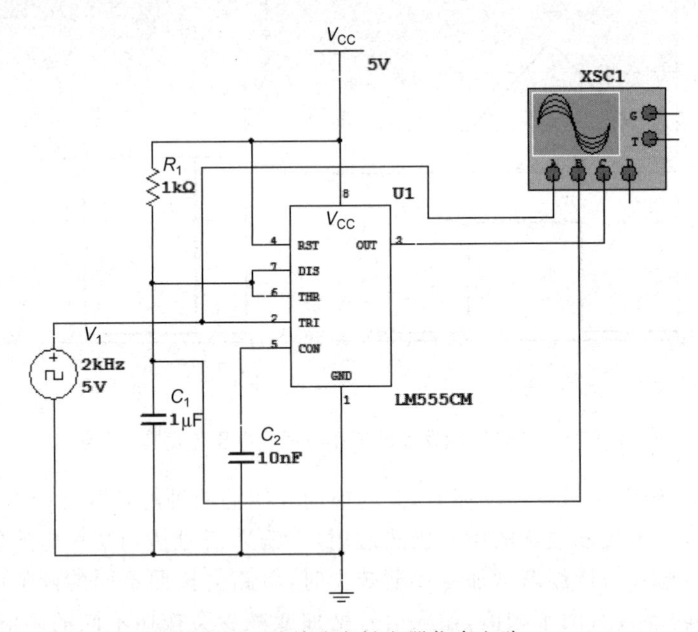

图 4-7-9 单稳态触发器仿真电路

元件可参照以下说明取用：

① U1 在 Place Mixed→(Family) TIMER→(Component)中选择 LM555CM。

② V_1 在 Place Sources→(Family)SIGNAL_VOLTAGE_SOURCES→(Component)中选择 CLOCK_VOLTAGE。

③ R_1 在 Place Sources→(Family)RESISTOR 中选择。

④ C_1 和 C_2 在 Place Sources→(Family)CAPACITOR 中选择。

⑤ 四通道示波器 XSC1 在仪器工具栏中选取。

(2) 仿真并记录结果

单击运行按钮，对仿真电路进行仿真，双击示波器打开其面板，Scale 设置为 500μs/DIV，A、B、C 三个通道的 Y position 设置成不同的值，使三个波形分开显示。仿真结果如图 4-7-10 所示。

(3) 改变 R_1 和 C_1 的值，观察暂稳态持续的时间变化。

(4) 调整输入信号 V_1 的频率，分析观察输出端波形的变化。

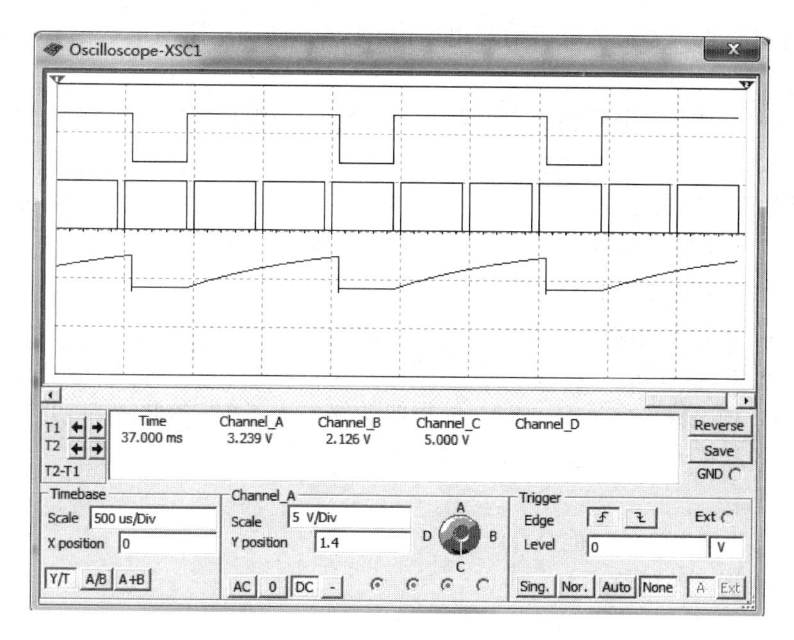

图 4-7-10　单稳态触发器的仿真结果

2) 555 构成多谐振荡器

(1) 根据多谐振荡器原理图 4-7-5 在 Multisim 10 中创建仿真电路图,用示波器观察并记录电容两端的电压波形和输出波形。

(2) 改变 R_1、R_2 和电容 C 的值,用示波器观察并记录电容两端的电压波形和输出波形。分析 R、C 的值改变对输出波形及周期的影响。

6. 实验室操作实验内容

1) 555 构成单稳态触发器

(1) 试利用 555 设计一单稳态电路,图 4-7-3 为参考方案,其中 $R=1\text{k}\Omega$,$C=0.1\mu\text{F}$,试将 V_I 接入 1kHz 矩形波信号,用示波器双踪观察 V_I 与 V_O 及 V_C 的波形,在同一坐标下绘制出 V_I、V_O、V_C 的波形,测量输出脉冲宽度 T_W 值。

(2) 调整输入信号 V_I 的频率,分析并记录观察到的输出端波形的变化。

(3) 改变 R、C 的值,观察并记录对 V_C 及 V_O 波形的影响。

2) 555 构成的多谐振荡器

(1) 试用 555 设计一多谐振荡器,图 4-7-5 为参考方案,其中 $R_1=1\text{k}\Omega$、$R_2=1\text{k}\Omega$,$C=0.1\mu\text{F}$,利用示波器双踪观察 V_O 与 V_C 的波形,在同一坐标下绘制出 V_O、V_C 的波形,测量并记录输出波形的周期值。

(2) 改变 R_1、R_2 的值,用示波器观察记录 V_O、V_C 波形。分析 R、C 值的改变对输出波形及周期的影响。

3) 选做实验内容

用 555 定时器构成一单稳态触发器,要求输出波形的周期为 10μs,试设计出电路图并计算出各参数值,搭建电路,利用示波器进行测量,分析误差原因。

7. 注意事项

(1) 按照电路图搭建电路,注意不要带电操作。

(2) 根据计算选择合适的电阻值与电容值,注意不同的电阻与电容值会对输出波形有影响。

(3) 实验中选择与放电端连接的电阻值不能太小,否则当放电管导通时,灌入放电管的电流太大,会损坏放电管。

8. 常见故障及解决方法

故障现象1:单稳态电路 V_O 波形和 V_C 波形显示不正确。

原因1:示波器使用不正确。

解决办法:学会正确使用示波器。

原因2:单稳态电路的输入信号 V_I 不满足要求。

解决办法:调整输入信号 V_I,使 V_I 的周期 T 必须大于 V_O 的脉宽 t_W,并且低电平的宽度要小于 V_O 的脉宽 t_W,否则电路不能正常工作。

9. 思考题

(1) 5引脚所接电容的功能是什么?

(2) 如何实现方波的输出?

(3) 如何调整555定时电路多谐振荡器波形的占空比?

4.8 智力抢答器装置的设计

1. 设计任务

(1) 用中小规模集成电路设计。

(2) 抢答器可以实现基本抢答;可同时供8名选手参加比赛,每一位选手各用一个抢答按钮,按钮的编号与选手的编号相对应。

(3) 给节目主持人设置一个控制开关,用来控制系统的清零(编号显示数码管灭灯)和抢答的开始。

(4) 抢答器具有数据锁存和显示的功能。抢答开始后,若有选手按动抢答按钮,编号立即锁存,并在LED数码管上显示出选手的编号,同时扬声器给出音响提示。此外,要封锁输入电路,禁止其他选手抢答。优先抢答选手的编号一直保持到主持人将系统清零为止。

2. 工作原理

设计满足上述功能的智力抢答器有多种方案,图4-8-1为其中的一个参考方案,该方案的工作原理:将抢答按钮先直接与锁存器而不是优先编码器相连,将最先抢答的选手的编号锁定,再依次经过优先编码器、译码器和七段显示器,最后显示的是抢答选手的编号,经过优先编码器后的信号到单稳态触发器,单稳态触发器又与报警电路直接连接,所以显示编号的同时可以发出报警信号。另外由主持人控制开关和其他部分电路通过门电路实现对抢答电路、定时电路和报警部分电路的控制。

3. 设计要求

(1) 明确设计任务,根据设计任务进行方案选择,画出系统框图,对方案中的各部分进行单元电路的设计、参数计算和器件选择,再将各部分连接,设计出完整的系统电路原理图。

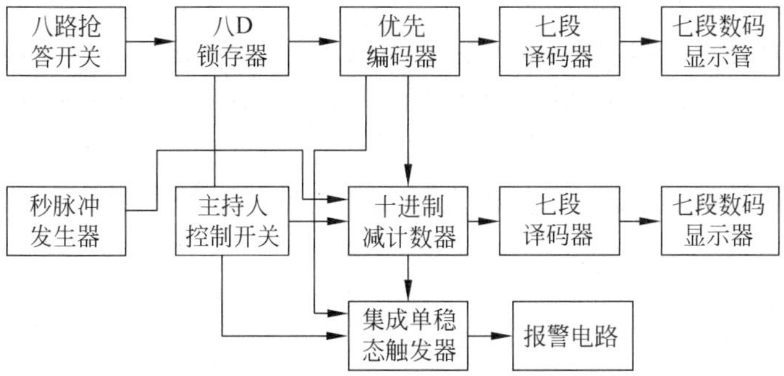

八路抢答开关
八D锁存器
优先编码器
七段译码器
七段数码显示管
秒脉冲发生器
主持人控制开关
十进制减计数器
七段译码器
七段数码显示器
集成单稳态触发器
报警电路

图 4-8-1　智力抢答器的原理框图

(2) 所有电路必须全部通过计算机仿真,实物电路根据条件选做。

4.9　数字电子钟的设计

1. 设计任务

(1) 设计一个二十四小时制的数字钟,时、分、秒分别由二十四进制、六十进制和六十进制计数器来完成计时功能。

(2) 具有校时功能,可分别对时及分进行单独校时,使其校正到标准时间。

(3) 以数字形式显示时、分、秒。

(4) 具有清零功能。

2. 工作原理

数字电子钟是由数字集成电路构成的现代计时器,其具有结构简单、走时准确和显示直观等优点,因此得到了广泛普及,在市场上占有很大比例。数字钟也被推广到控制系统中,常用作定时控制源。

数字钟实际上是一个对标准频率(1Hz)进行计数的计数电路。通常由振荡器、分频器、计数器、译码器、显示器、校时电路和报时电路等部分组成,如图 4-9-1 所示。

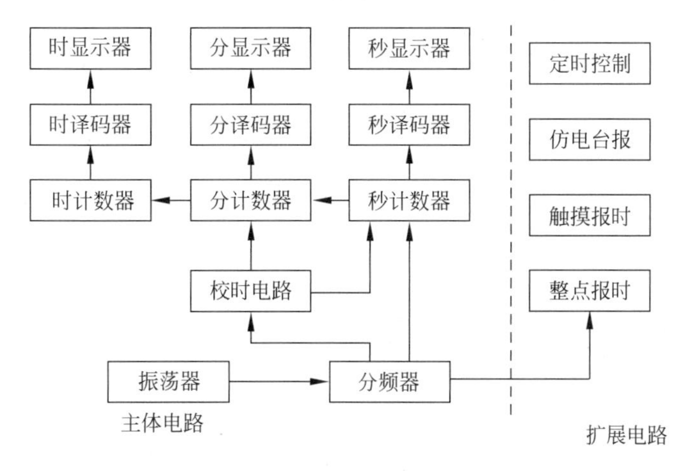

图 4-9-1　数字钟原理框图

3. 设计要求

(1) 明确设计任务，根据设计任务进行方案选择，画出系统框图，对方案中的各部分进行单元电路的设计、参数计算和器件选择，再将各部分连接，设计出完整的系统电路原理图。

(2) 所有电路必须全部通过计算机仿真，实物电路根据条件选做。

参 考 文 献

[1] 王士军. 电工学实验教程[M]. 北京：北京大学出版社，2015.
[2] 林雪健. 电工电子技术实验教程[M]. 北京：机械工业出版社，2014.
[3] 杨风. 电工学实验[M]. 北京：机械工业出版社，2014.
[4] 常春耕. 电工电子实验技术（上册/下册）[M]. 北京：人民邮电出版社，2014.
[5] 张瑛. 电工电子实验技术（上册/下册）[M]. 北京：人民邮电出版社，2015.
[6] 朱震华. 电工电子基础实验[M]. 北京：人民邮电出版社，2014.
[7] 杨奕. 电工电子技术实验[M]. 北京：高等教育出版社，2013.
[8] 吴霞. 电路与电子技术实验教程[M]. 北京：机械工业出版社，2013.
[9] 刘凤春. 电工学实验教程[M]. 北京：高等教育出版社，2013.
[10] 朱荣. 电工电子技术实验教程[M]. 北京：科学出版社，2012.
[11] 李新成. 电子技术实验[M]. 北京：中国电力出版社，2012.
[12] 吴春俐. 电工学实验教程[M]. 北京：机械工业出版社，2012.
[13] 曹海平. 电工电子技术实验教程[M]. 北京：电子工业出版社，2010.
[14] 金凤莲. 模拟电子技术基础实验及课程设计[M]. 北京：清华大学出版社，2009.
[15] 王萍. 电子技术实验教程[M]. 北京：机械工业出版社，2009.
[16] 曹泰斌. 电工电子技术实验[M]. 北京：清华大学出版社，2012.
[17] 李进. 电子技术实验[M]. 北京：化学工业出版社，2011.
[18] 王亚军. 电工电子实验教程[M]. 北京：高等教育出版社，2009.
[19] 秦曾煌. 电工学[M]. 北京：高等教育出版社，2009.
[20] 郭锁利. 基于 Multisim 9 的电子系统设计、仿真与综合应用[M]. 北京：人民邮电出版社，2008.
[21] 孙肖子. 模拟电子电路及技术基础[M]. 西安：西安电子科技大学出版社，2008.
[22] 周晓霞. 数字电子技术实验教程[M]. 北京：化学工业出版社，2008.
[23] 郑明辉. 电工电子实验技术实验指导[M]. 北京：人民邮电出版社，2015.